中里华奈的

迷人蕾丝花草立体框画

Lunarheavenly

〔日〕中里华奈 著
蒋幼幼 译

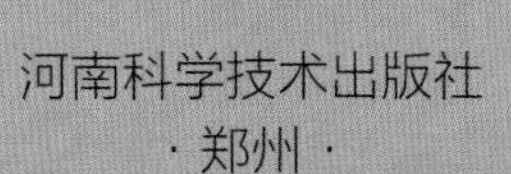

河南科学技术出版社
·郑州·

前言

一根线可以有千姿百态的变化，令人着迷。
从此，我便沉浸在钩针编织中一发不可收拾。

钩编花草时最大的心得体会，
就是“心无杂念”。

年年岁岁花相似，
静静地开在那里就很美。
有时也因此得到内心的治愈。

我想制作如花草般清新雅致的作品，
所以乐此不疲地用线钩编植物。
尽量如实地表现植物的颜色、形状和姿态，
雄蕊和雌蕊等细节部分也会精雕细琢。

可以在小巧的相框或绣绷上只装饰一朵花，
也可以在大号相框上装饰五彩缤纷的植物。
立体的花草在相框上留下的影子也别有一番韵味。

我有一种预感，
编织还会让我邂逅更多的植物。

就像植物的生长，缓慢而坚定。
希望大家可以多花一点时间，
感受自己亲手创作的喜悦。

Lunarheavenly
中里华奈

目录

条纹海葱

p.77

鸢尾

p.79

蓝铃花
p.92
喜林草
p.62
绣球花“万花筒”
p.73

鹿角蕨

p.81

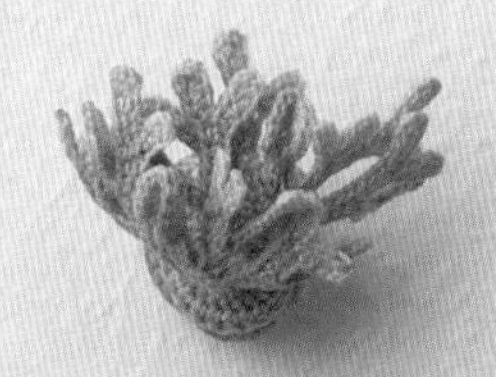

红豆杉
p.90

木槿
p.64

蝴蝶兰
p.75

合欢花
p.83
猪笼草
p.53
帝王花
p.38
蓟花
p.71

棉花
p.85

麻叶绣线菊
p.32

栀子花
p.67

西番莲

p.87

野葡萄

p.94

麦穗

p.69

倒挂金钟

p.46

可以在大号相框上
装饰多种喜欢的植物

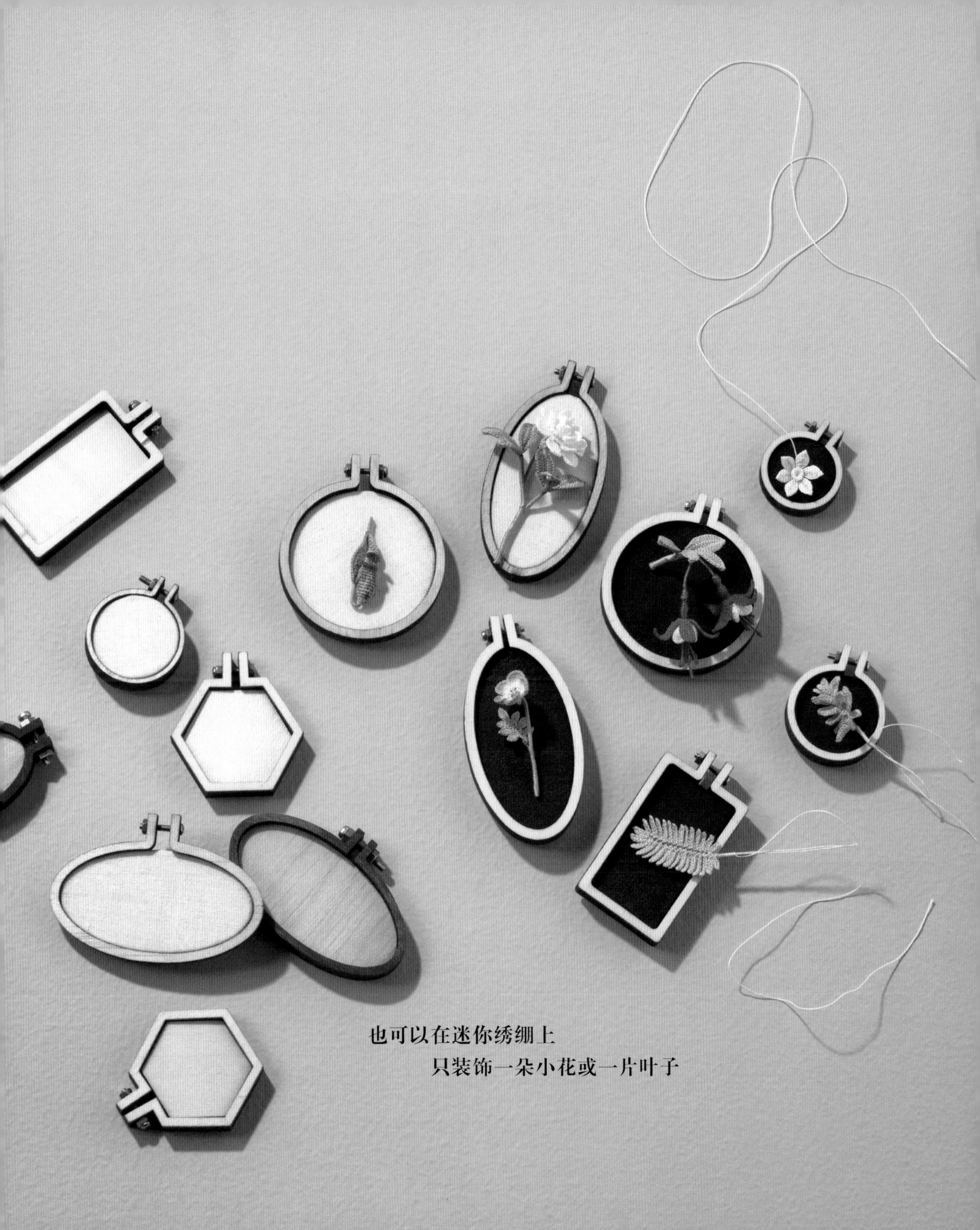

也可以在迷你绣绷上
只装饰一朵小花或一片叶子

还可以用复古风相框
与花草作品搭配

本书的使用方法

本书一共介绍了20款作品。其中，麻叶绣线菊、帝王花、倒挂金钟、猪笼草这4款作品以图文教程的形式为大家讲解了制作方法。

这些也是制作其他作品的基础技巧，可以当作参考。

作品的制作方法页面由以下几部分内容构成。

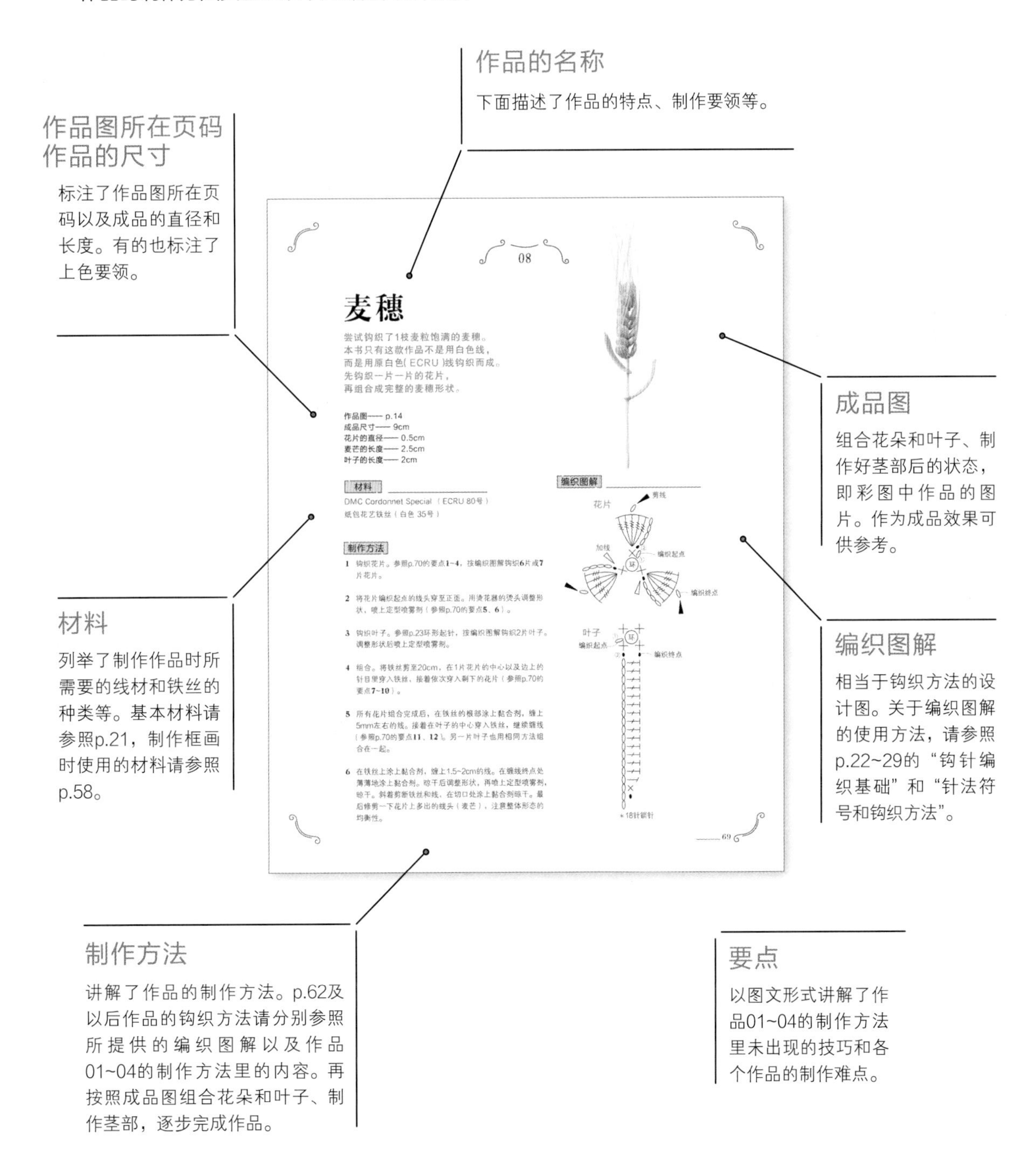

08

麦穗

尝试钩织了1枝麦粒饱满的麦穗。
本书只有这款作品不是用白色线，
而是用原白色(ECRU)线钩织而成。
先钩织一片一片的花片，
再组合成完整的麦穗形状。

作品图—— p.14
成品尺寸—— 9cm
花片的直径—— 0.5cm
麦芒的长度—— 2.5cm
叶子的长度—— 2cm

材料

DMC Cordonnet Special （ECRU 80号）
纸包花艺铁丝（白色 35号）

制作方法

1 钩织花片。参照p.70的要点**1~4**，按编织图解钩织**6**片或**7**片花片。

2 将花片编织起点的线头穿至正面。用烫花器的烫头调整形状，喷上定型喷雾剂（参照p.70的要点**5**、**6**）。

3 钩织叶子。参照p.23环形起针，按编织图解钩织2片叶子。调整形状后喷上定型喷雾剂。

4 组合。将铁丝剪至20cm，在1片花片的中心以及边上的针目里穿入铁丝，接着依次穿入剩下的花片（参照p.70的要点**7~10**）。

5 所有花片组合完成后，在铁丝的根部涂上黏合剂，缠上5mm左右的线。接着在叶子的中心穿入铁丝，继续缠线（参照p.70的要点**11**、**12**）。另一片叶子也用相同方法组合在一起。

6 在铁丝上涂上黏合剂，缠上1.5~2cm的线。在缠线终点处薄薄地涂上黏合剂。晾干后调整形状，再喷上定型喷雾剂，晾干。斜着剪断铁丝和线，在切口处涂上黏合剂晾干。最后修剪一下花片上多出的线头（麦芒），注意整体形态的均衡性。

编织图解

69

作品的名称

下面描述了作品的特点、制作要领等。

作品图所在页码 作品的尺寸

标注了作品图所在页码以及成品的直径和长度。有的也标注了上色要领。

成品图

组合花朵和叶子、制作好茎部后的状态，即彩图中作品的图片。作为成品效果可供参考。

材料

列举了制作作品时所需要的线材和铁丝的种类等。基本材料请参照p.21，制作框画时使用的材料请参照p.58。

编织图解

相当于钩织方法的设计图。关于编织图解的使用方法，请参照p.22~29的“钩针编织基础”和“针法符号和钩织方法”。

制作方法

讲解了作品的制作方法。p.62及以后作品的钩织方法请分别参照所提供的编织图解以及作品01~04的制作方法里的内容。再按照成品图组合花朵和叶子、制作茎部，逐步完成作品。

要点

以图文形式讲解了作品01~04的制作方法里未出现的技巧和各个作品的制作难点。

工具和材料

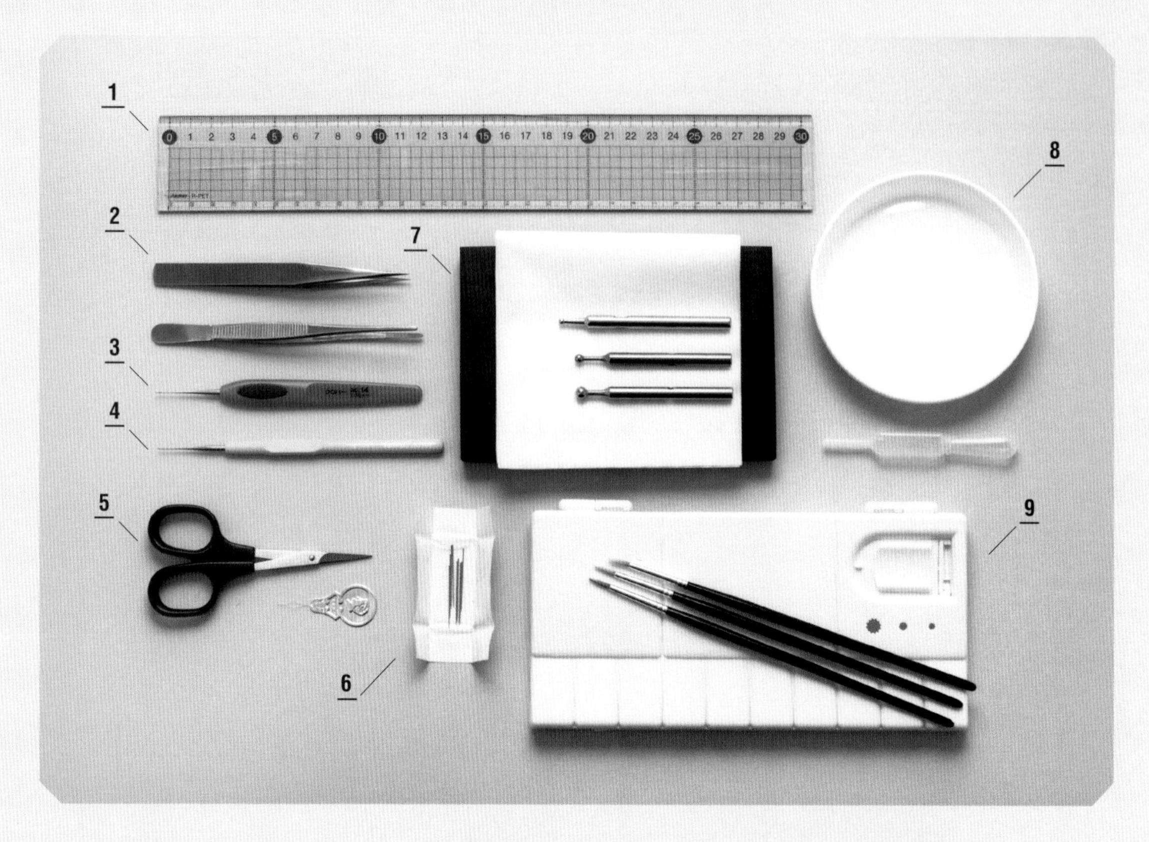

1 直尺

用于测量钩织的花朵、叶子、铁丝等的尺寸。

2 镊子

调整钩织的花朵和叶子的形状时，使用圆头的镊子。组装配件时，可以使用尖头的镊子。

3 钩针

本书使用的是No.14（0.5mm）的蕾丝钩针。如果想要钩织得紧致一些，也可以使用更细的蕾丝钩针（0.4~0.45mm）。

4 锥子

用于将针目戳大一点，或者制作框画时在内衬上戳出小孔。建议选择头部尖细的锥子。

5 剪刀

钩织完成后以及组合作品时，需要用剪刀剪断线和铁丝。请选择头部尖细、比较锋利的手工艺专用剪刀。

6 缝针、穿针器

将钩织的花朵与花萼、茎部组合在一起时以及制作框画时，就会用到缝针。如果有穿针器会更加方便。

7 烫花垫、烫头

调整带弧度的花形时，需要用到制作布花的烫花器的烫头。本书使用的是叫“铃兰镘”的烫头，分为大、小、极小3种。也可以用圆头的镊子代替。使用时，将纸巾铺在烫花垫上。

8 小碟子

上色时（步骤参照p.30）用来盛水浸湿钩织的花朵和叶子。或者用来放置钩织的花片和微珠等辅料。

9 吸管、画笔、调色盘

上色时使用。准备3支左右画笔比较方便。

本书作品的制作是用蕾丝线钩织作品的各个部分，然后组合起来。
首先，为大家介绍制作作品时需要的工具和材料。
制作框画时用到的材料请参照p.58。

1 手工艺专用铁丝

用于茎部比较纤细的小花。本书使用的是直径0.2mm的手工艺专用裸铁丝（没有包层）。

2 人造花专用染料

用于给钩织的花朵和叶子上色。本书使用的是Roapas Rosti染料，用水稀释后再进行混合调色。使用方法和色谱请参照p.30、31。

3 油性马克笔

用于给一部分花朵和微珠上色。

4 纸包花艺铁丝

制作花朵的茎部时，使用人造花专用的35号和26号纸包花艺铁丝。

5 微珠

粘贴在钩织的花朵上当成花芯。本书使用的是美甲中常用的玻璃微珠。

6 蕾丝线

用于钩织花朵和叶子等。本书使用的是DMC的Cordonnet Special 80号蕾丝线。以白色线为主，但是麦穗（p.69）使用的是原白色（ECRU）线。

7 木珠

作品野葡萄（p.94）中，在木珠上缠绕刺绣线制作成果实。

8 25号刺绣线

缠在纸包花艺铁丝上制作花芯和藤蔓，或者缠在木珠上制作野葡萄（p.94）的果实。

9 黏合剂

组合花朵时将蕾丝线缠在铁丝上、把钩织的花朵固定在其他配件上时，都会用到黏合剂。

10 定型喷雾剂

为了防止钩织的花朵和叶子变形，会用到定型喷雾剂。使用时注意通风换气，不要喷到金属配件上等。

钩针编织基础

花朵和叶子都是用钩针编织的。从钩针的握法到钩针编织基础技法，下面都将为大家一一介绍。锁针是最基础的针法，钩织时注意用力均匀。通过不断练习熟练之后，就会钩织出整齐的针目和漂亮的作品。

钩针的握法

用右手的拇指和食指握住钩针的针柄，再用中指轻轻地按住。

挂线方法

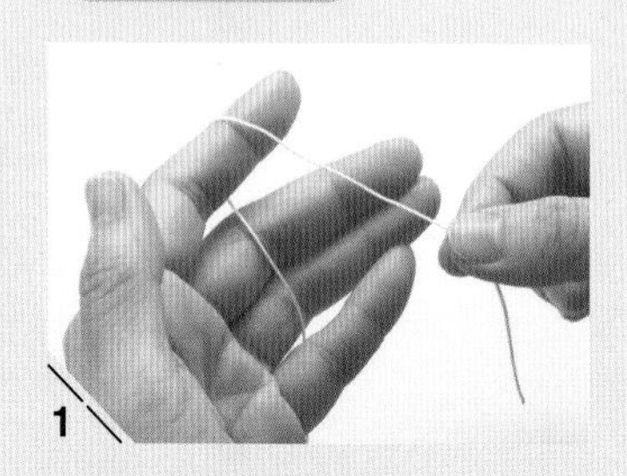

用右手捏住距离线头10cm左右的位置，将线从左手的小指和无名指之间拉出，挂在食指上。

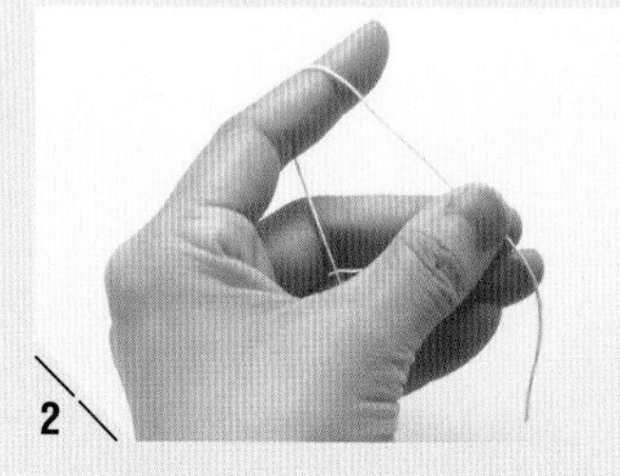

用左手的拇指和中指捏住线头，慢慢抬起食指。无名指稍稍弯曲夹住线，以便调节线的松紧。

锁针起针的方法

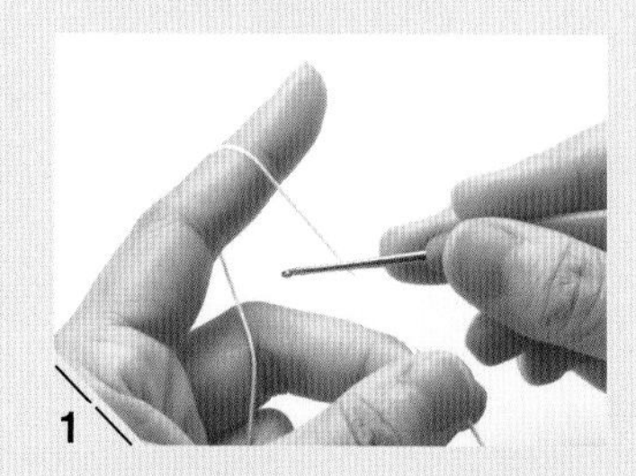

将钩针放在线的前面，绕1圈。

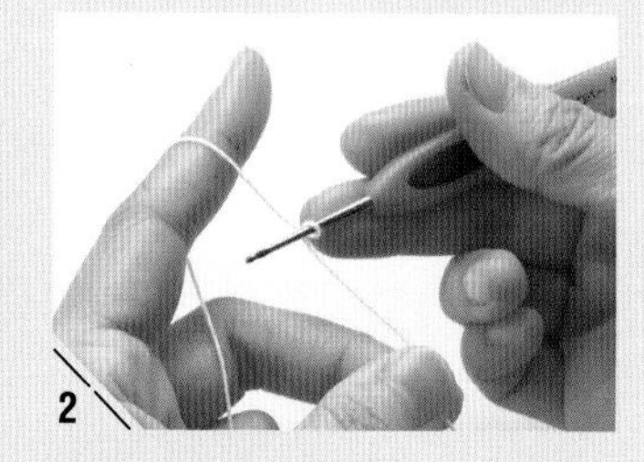

绕线后的状态。

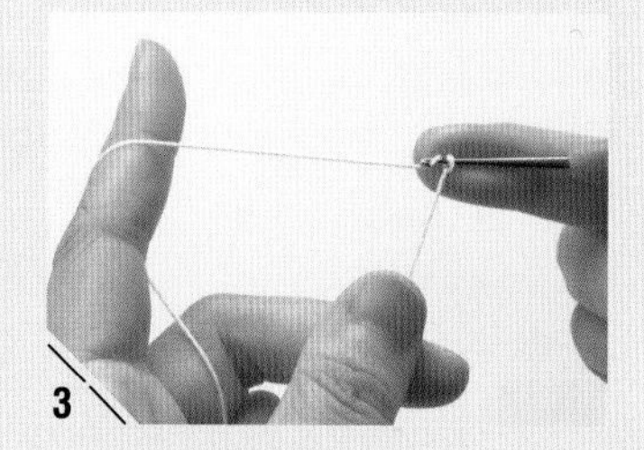

针头挂线后往回拉，从刚才绕好的线圈中拉出。

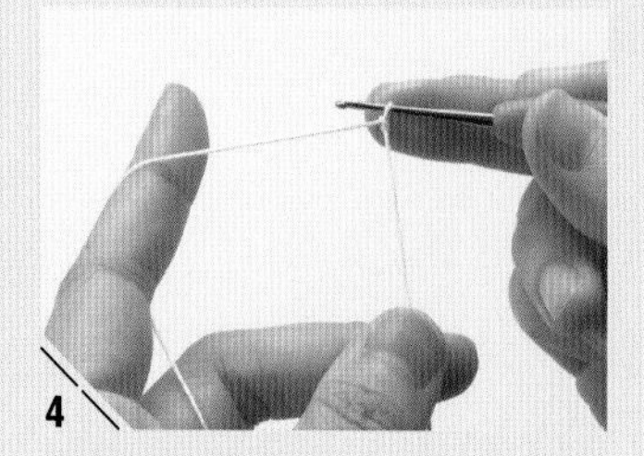

将线拉出后的状态。此针不计入起针数，从下一针开始计数。

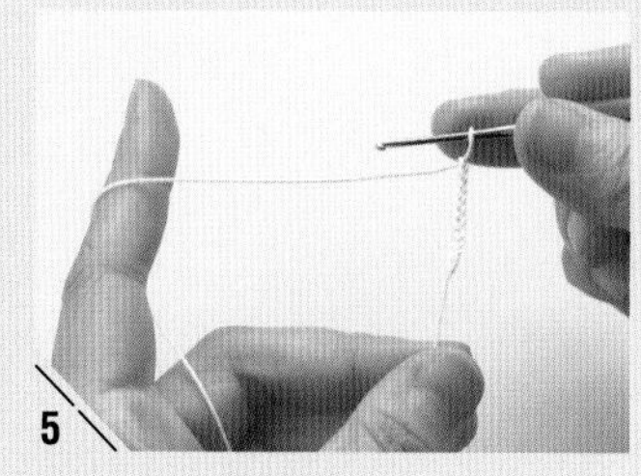

与步骤**3**一样，针头挂线后拉出，重复钩织至所需针数。

锁针的正面和反面

锁针针目有正面和反面之分，因为挑针位置不同，请注意区分。从正面看，位于上方的线叫作“锁针的半针”。从反面看，横在针目中间的线叫作“里山”。

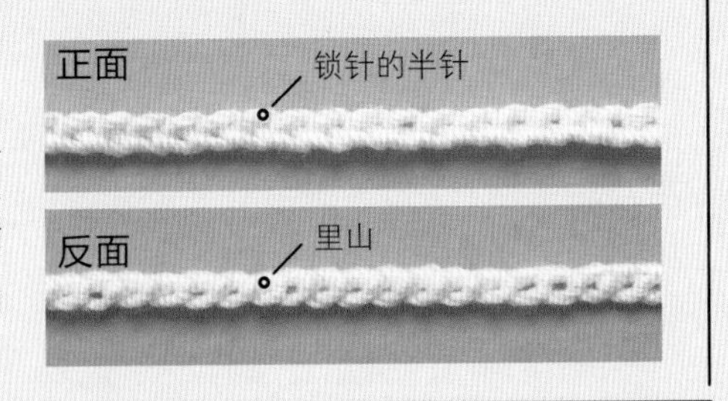

环形起针（从起针到立织的1针锁针）

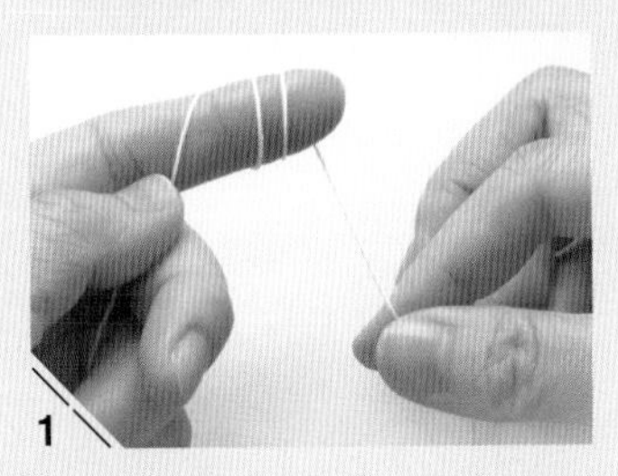

花朵一般是环形起针（编织图解中标注为“环”），从中心开始钩织。先在食指上绕2圈线。

右手捏住线的交叉位置，慢慢取下线环。

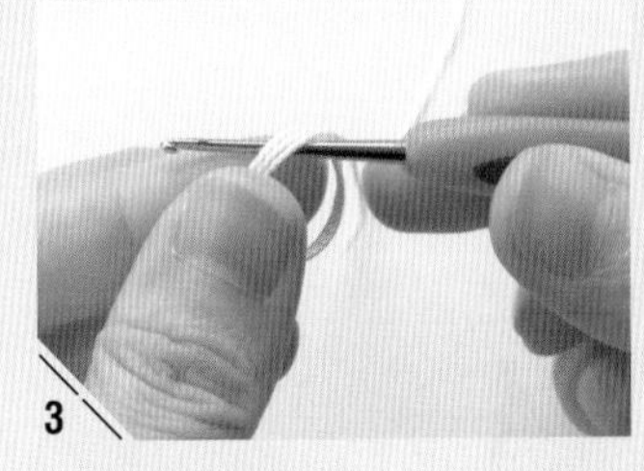

换成左手捏住线环，在线环中插入钩针。

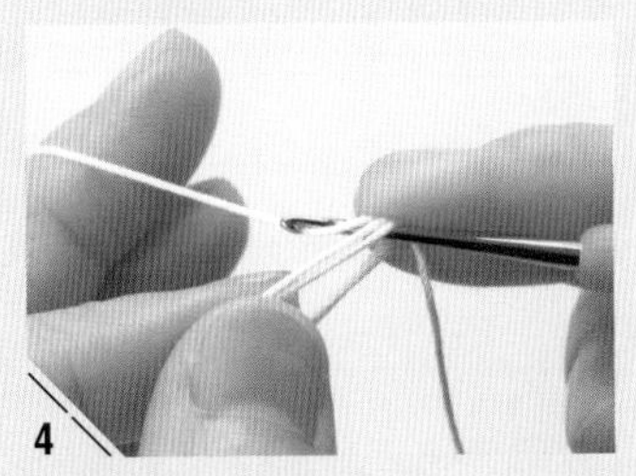

将线挂在左手的中指上，针头挂线后拉出。

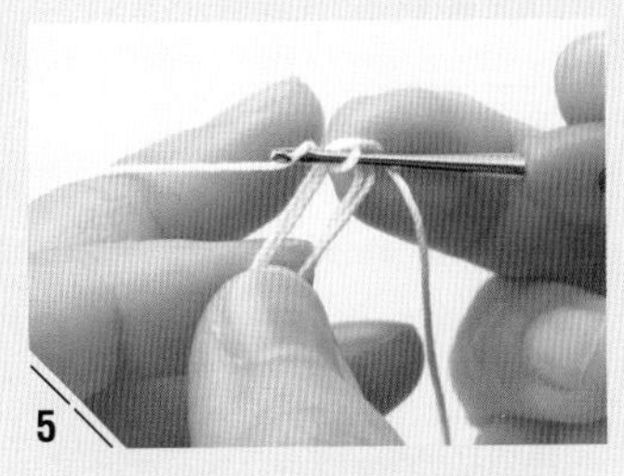

从线环的上方在针头挂线。

直接从线圈中拉出（引拔）。

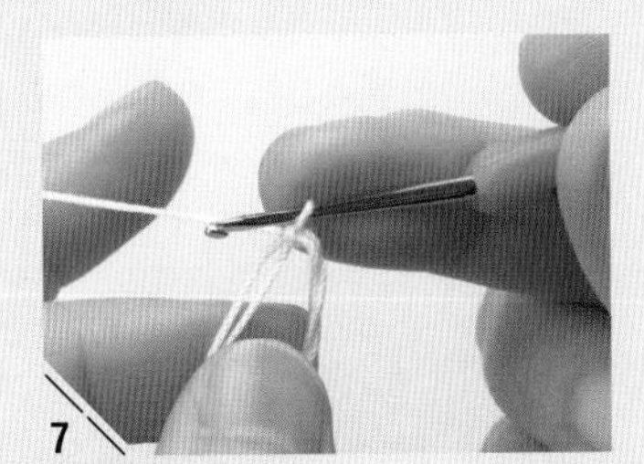

引拔后的状态。

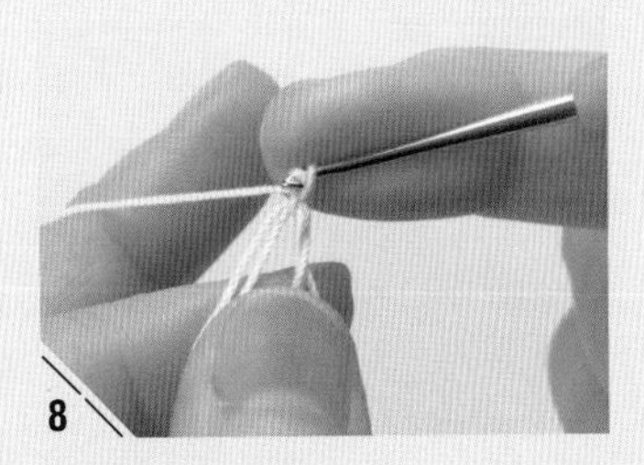

接着针头挂线引拔，钩织锁针。

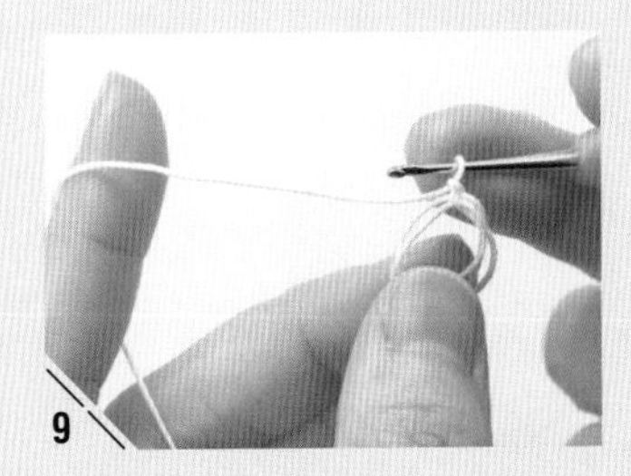

引拔后的状态。这就是立织的1针锁针。

针法符号和钩织方法

基础钩织方法

本书介绍的作品均有“编织图解”，
通过符号表示应该用哪种针法进行钩织。
下面介绍本书中出现的针法符号及其钩织方法。

⬭ 锁针 钩针编织的基础。也用于“起针”的基础部分，p.22有详细的解说。

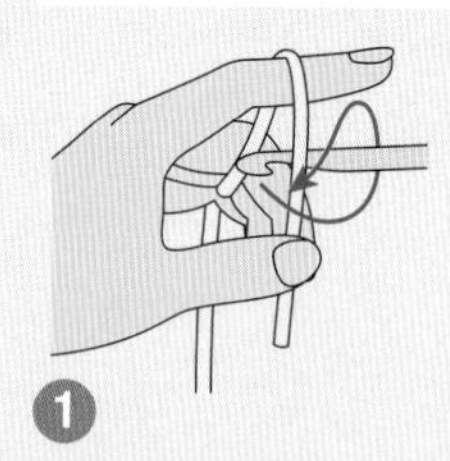

❶ 如箭头所示转动钩针，挂线。

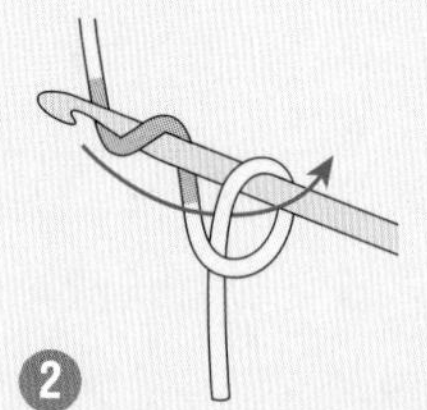

❷ 针头挂线，从步骤❶制作的线环中拉出。

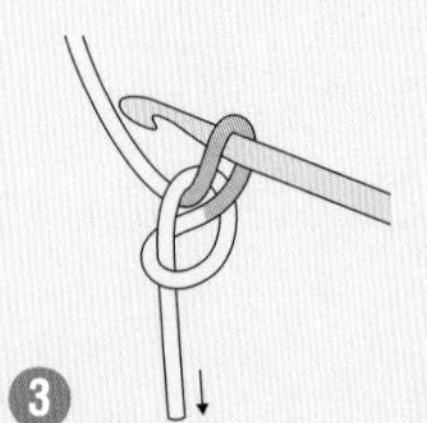

❸ 拉动线头收紧线环。注意此针不计为1针。

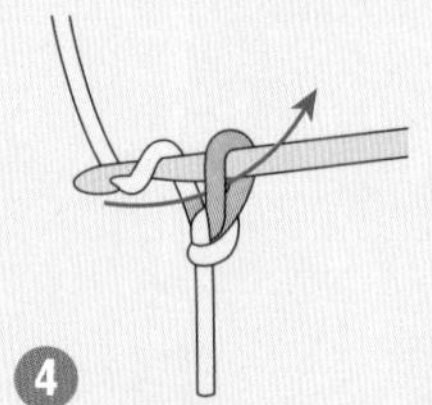

❹ 针头挂线，从针上的线圈中拉出。

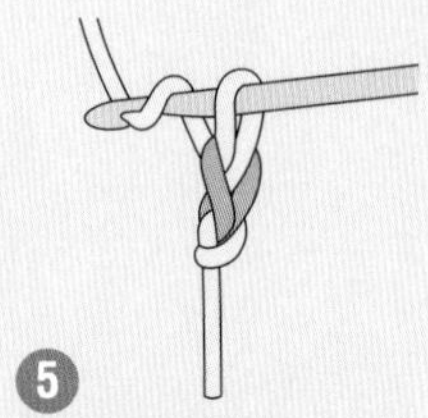

❺ 1针锁针完成。重复步骤❹，继续钩织至所需针数。

● 引拔针 用于针目与针目之间的连接或固定，是很常用的针法。

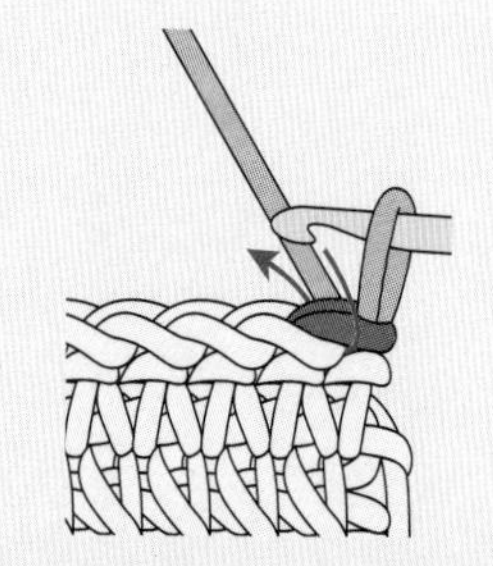

❶ 如箭头所示，在前一行针目的头部2根线里插入钩针。

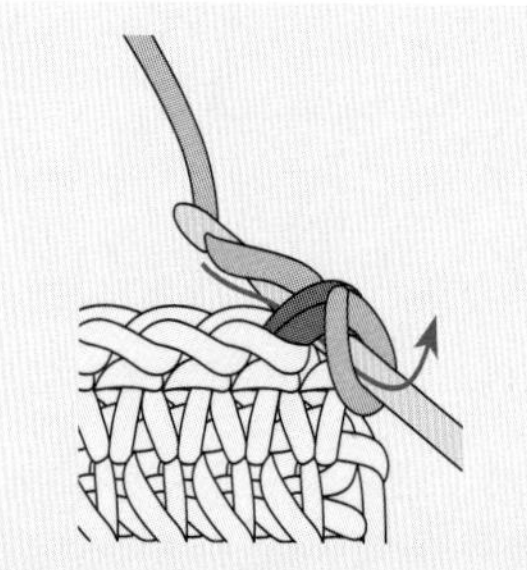

❷ 针头挂线后拉出。

要领!

前一行是锁针时，在锁针的半针和里山插入钩针。或者仅在半针里插入钩针（关于“半针”和“里山”，请参照p.23）。短针和中长针等也用相同的方法挑针。

╳ 短针 钩针编织的基础针法之一。也经常用于花朵的环形起针。

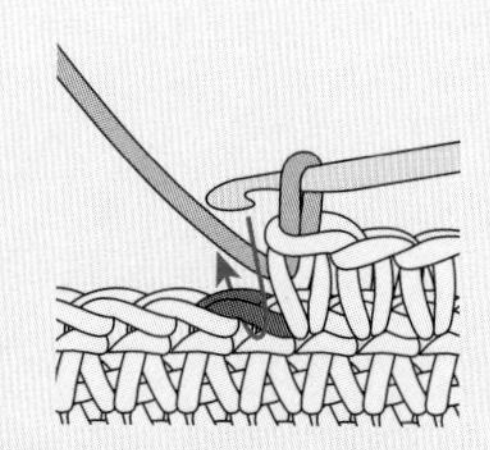

❶ 如箭头所示，在前一行针目的头部2根线里插入钩针。

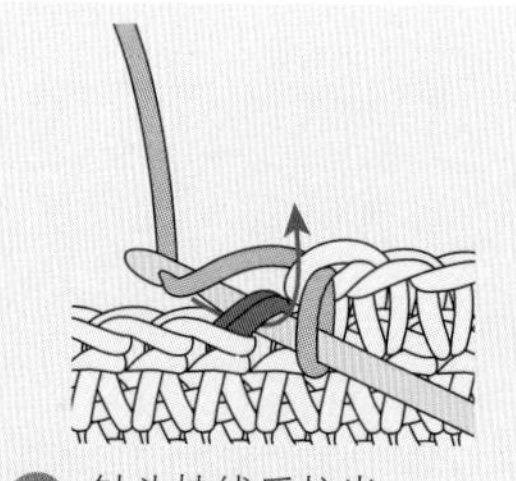

❷ 针头挂线后拉出。

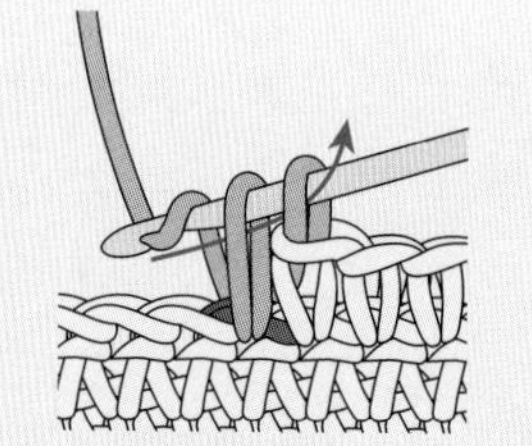

❸ 针头再次挂线，一次性引拔穿过针上的2个线圈。

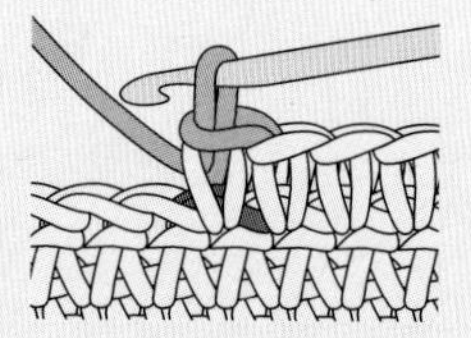

❹ 1针短针完成。重复步骤❶~❸继续钩织。

要领!

需要注意的是，立织的1针锁针因为针目很小，所以不计入针数。
钩织p.25介绍的中长针时，立织的2针锁针要计入针数。
虽然立织的锁针针数不同，但长针和长长针的情况同样要计入针数。

中长针

此针法经常用于钩织花瓣等。立织的2针锁针也要计入针数。

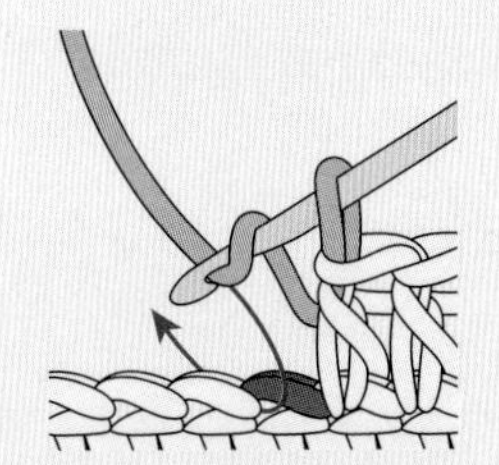

❶ 编织起点立织2针锁针。针头挂线，如箭头所示在前一行针目的头部2根线里插入钩针。

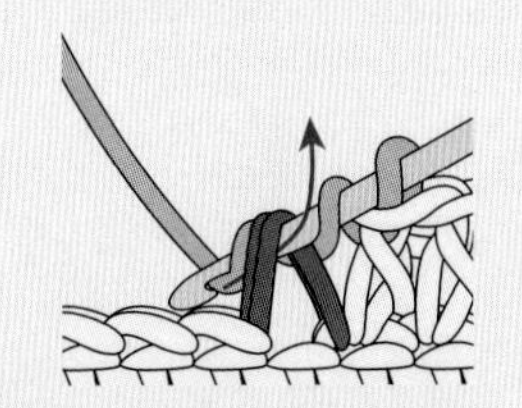

❷ 针头挂线，将线拉出至2针锁针的高度。

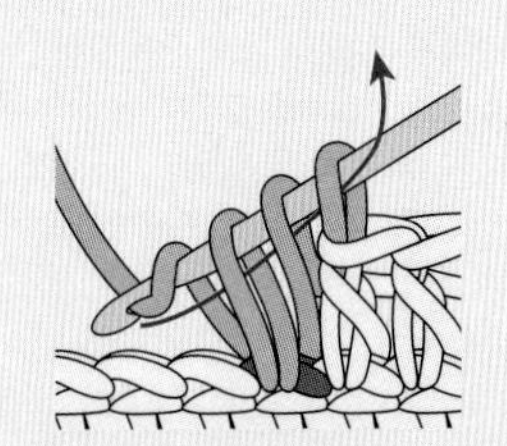

❸ 针头再次挂线，一次性引拔穿过针上的3个线圈。

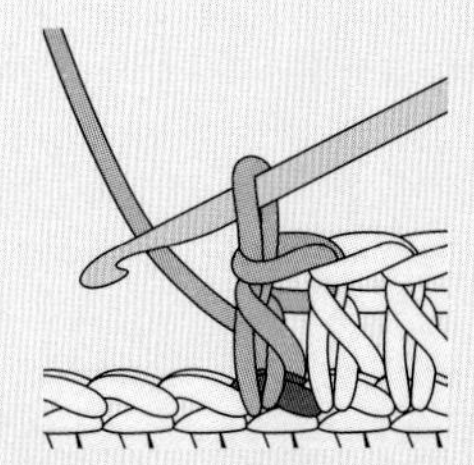

❹ 1针中长针完成。重复步骤❶~❸继续钩织。

长针

此针法也经常用于钩织花瓣。立织的3针锁针也要计入针数。

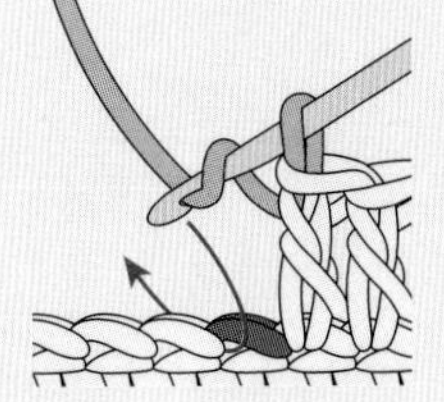

❶ 编织起点立织3针锁针。针头挂线，如箭头所示在前一行针目的头部2根线里插入钩针。

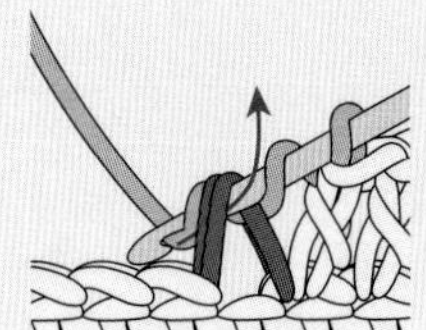

❷ 针头挂线，将线拉出至3针锁针的高度。

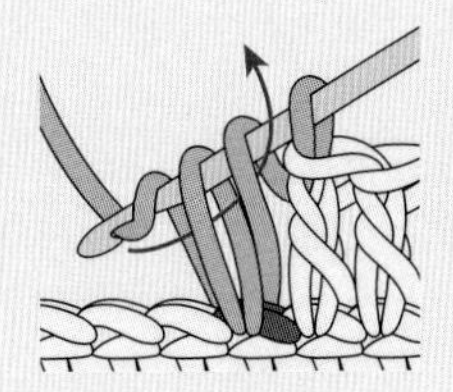

❸ 针头再次挂线，引拔穿过针上的2个线圈。

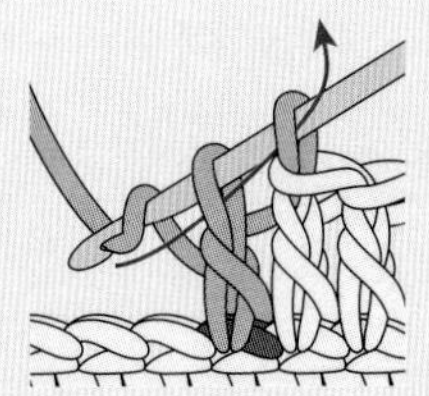

❹ 针头再次挂线，一次性引拔穿过针上的2个线圈。

❺ 1针长针完成。重复步骤❶~❹继续钩织。

长长针

比长针多出1针锁针的长度。立织的4针锁针也要计入针数。

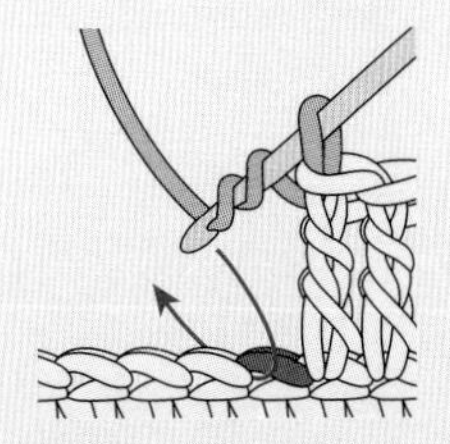

❶ 编织起点立织4针锁针。在针头绕2次线，如箭头所示在前一行针目的头部2根线里插入钩针。

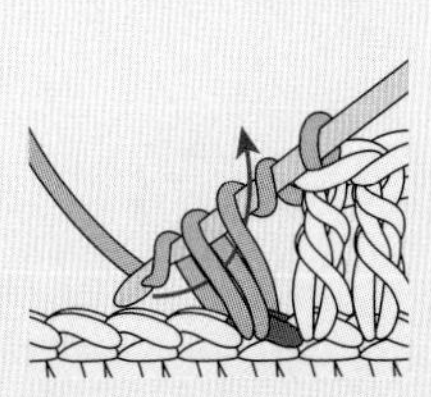

❷ 针头挂线，将线拉出至4针锁针的高度。针头再次挂线，引拔穿过针上的2个线圈。

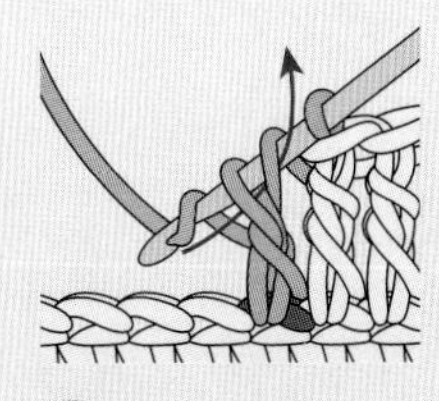

❸ 针头再次挂线，引拔穿过针上的2个线圈。

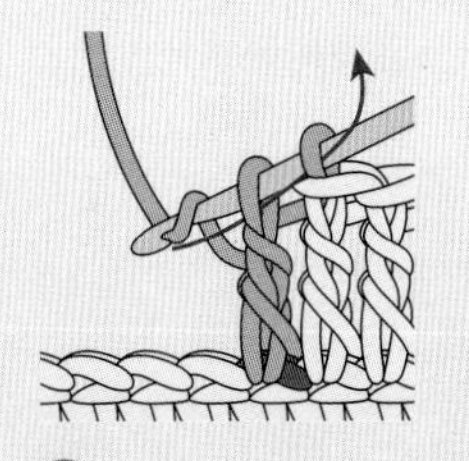

❹ 针头再次挂线，一次性引拔穿过针上的2个线圈。

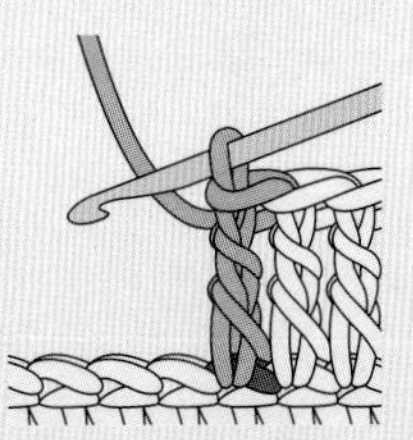

❺ 1针长长针完成。重复步骤❶~❹继续钩织。

3卷长针

比长长针更长，在针头绕3次线后开始钩织。立织的5针锁针也要计入针数。

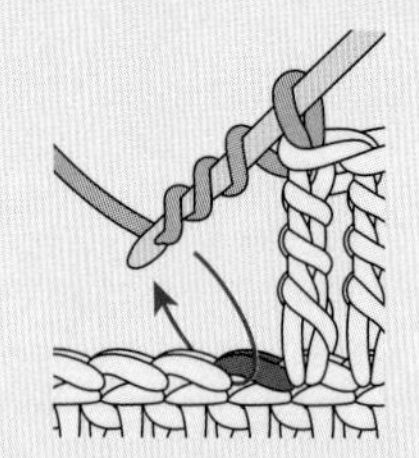

❶ 编织起点立织5针锁针。在针头绕3次线，如箭头所示在前一行针目的头部2根线里插入钩针。

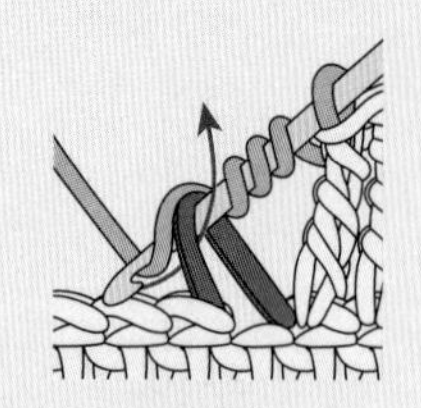

❷ 针头挂线，将线拉出至5针锁针的高度。

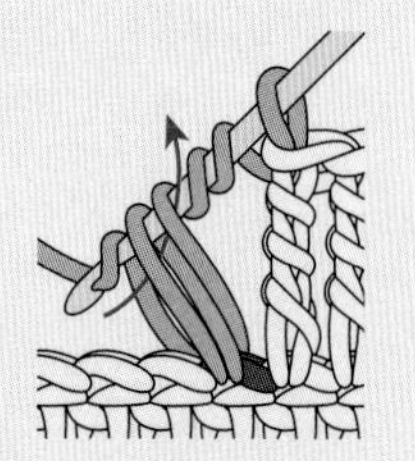

❸ 针头再次挂线，引拔穿过针上的2个线圈。

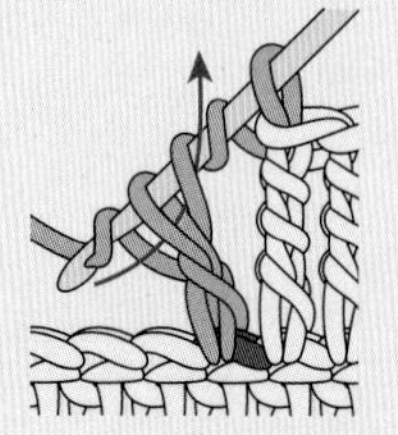

❹ 针头再次挂线，引拔穿过针上的2个线圈。

❺ 针头再次挂线，引拔穿过针上的2个线圈。最后再重复1次这个动作。

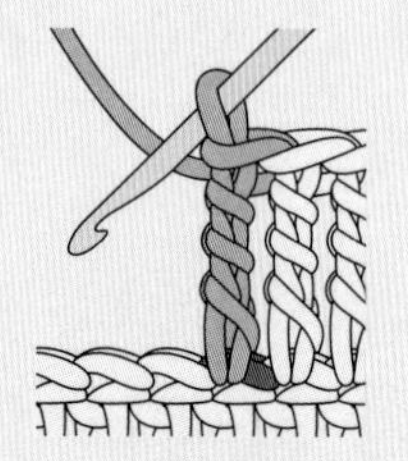

❻ 1针3卷长针完成。重复步骤❶~❺继续钩织。

4卷长针

比3卷长针更长，在针头绕4次线后开始钩织。立织的6针锁针也要计入针数。

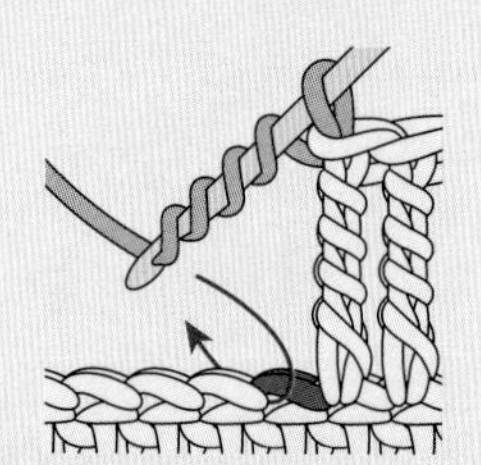

❶ 编织起点立织6针锁针。在针头绕4次线，如箭头所示在前一行针目的头部2根线里插入钩针。

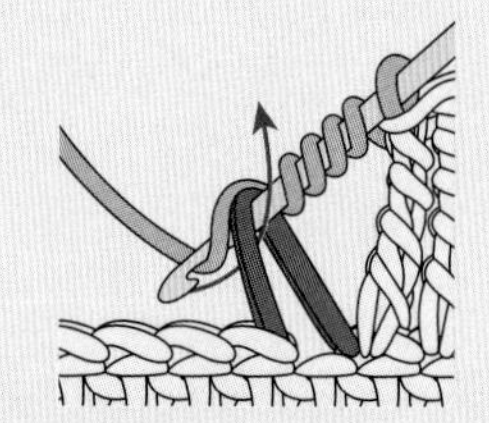

❷ 针头挂线，将线拉出至6针锁针的高度。

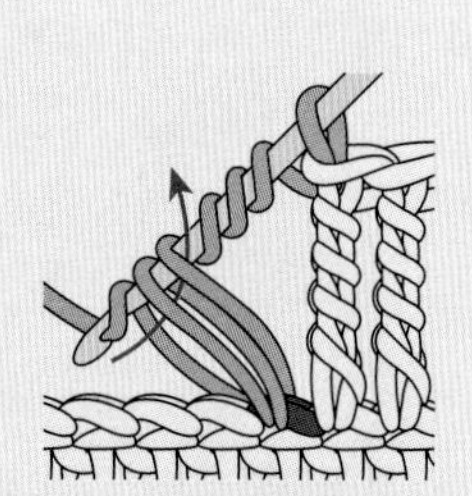

❸ 针头再次挂线，引拔穿过针上的2个线圈。

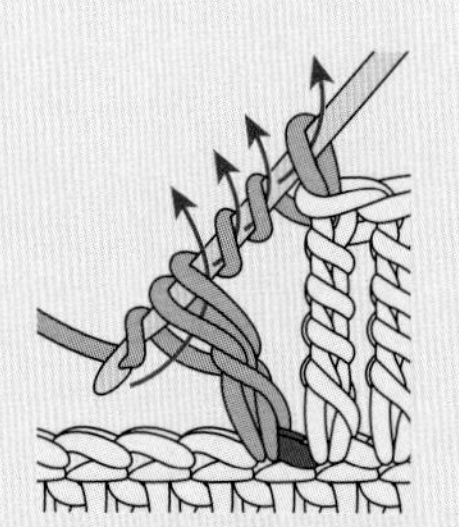

❹ 针头再次挂线，同样引拔穿过针上的2个线圈。再重复3次这个动作。

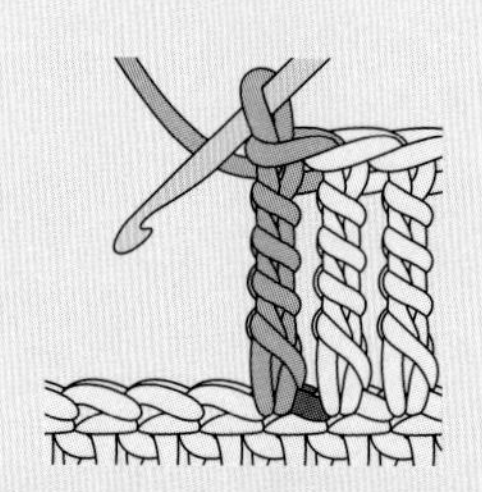

❺ 1针4卷长针完成。重复步骤❶~❹继续钩织。

3卷长针与3卷长针的Y字针

这是先钩1针3卷长针，然后在其根部挑针再钩入1针3卷长针的方法。本书中，在已织针目的根部挑针再钩1针的针法叫作“Y字针”。此外，还用到了在3卷长针上钩织长长针的Y字针（如p.67的栀子花）。

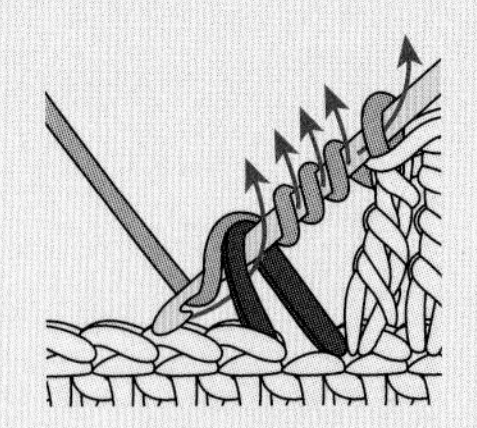

❶ 参照p.26，钩织3卷长针。

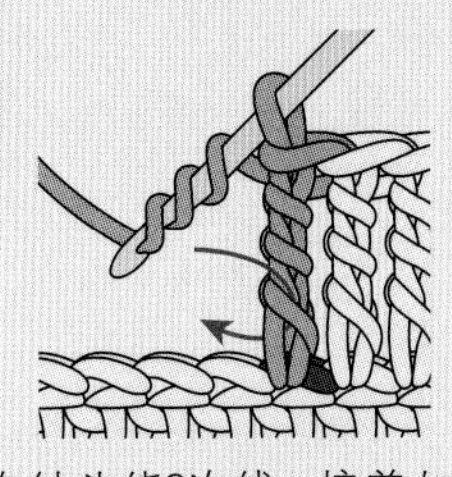

❷ 在针头绕3次线，接着如箭头所示在步骤❶已织3卷长针的根部插入钩针。

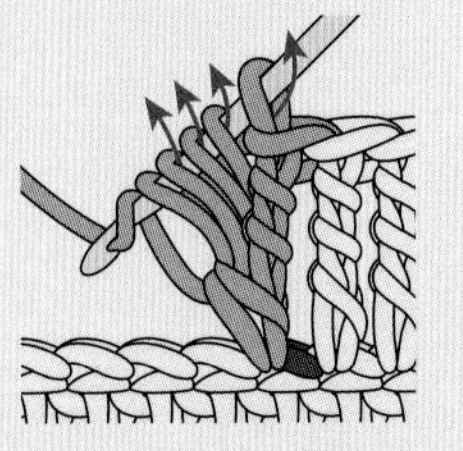

❸ 针头挂线，从2根线中拉出。针头再次挂线，引拔穿过针上的2个线圈。再重复3次。

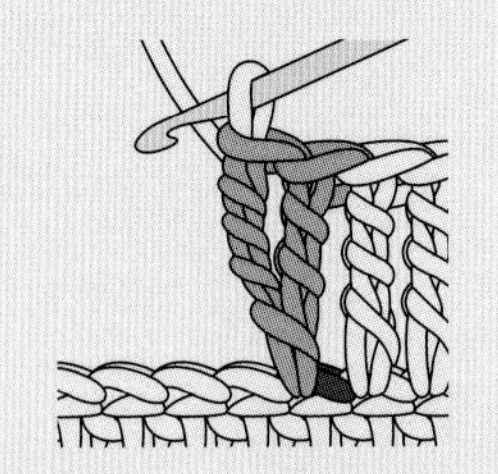

❹ 3卷长针与3卷长针的Y字针完成。

3针锁针的狗牙针

呈小巧的圆形，常用于花瓣的顶端。此处介绍的是3针锁针的狗牙针的钩织方法。

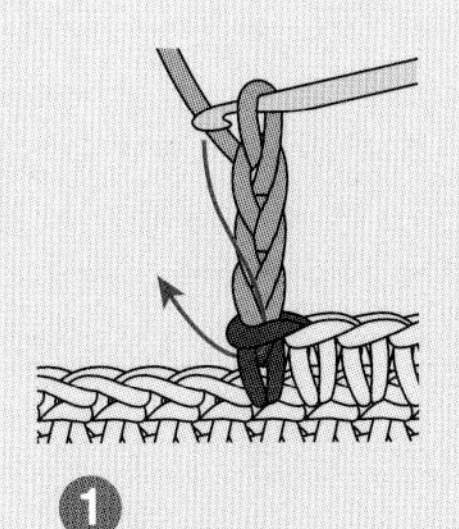

❶ 钩3针锁针，然后在下方针目的头部半针以及根部的1根线（半边）里插入钩针。

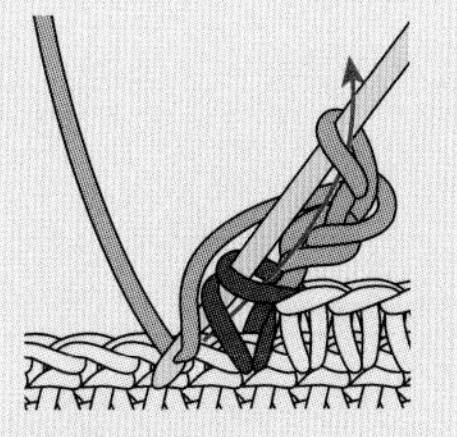

❷ 针头挂线，一次性引拔穿过针上的所有线圈。

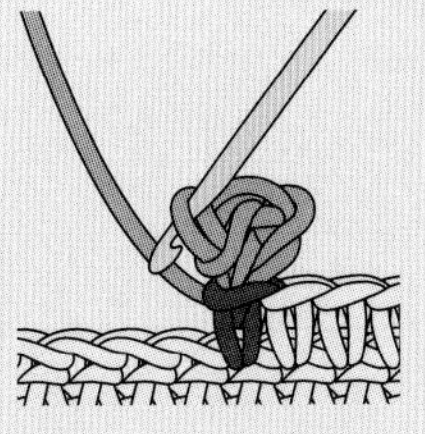

❸ 3针锁针的狗牙针完成。

未完成的针目

不做最后一步的引拔，将线圈留在钩针上的状态叫作“未完成的针目”。常用于p.28、29介绍的“减针”等情况。

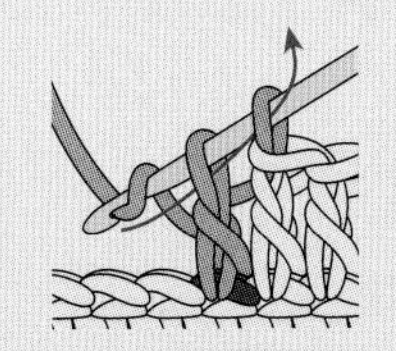

短针的条纹针

使用此针法可以把针目的前面半针留在外面。其他有下划线的针法符号也属于条纹针。

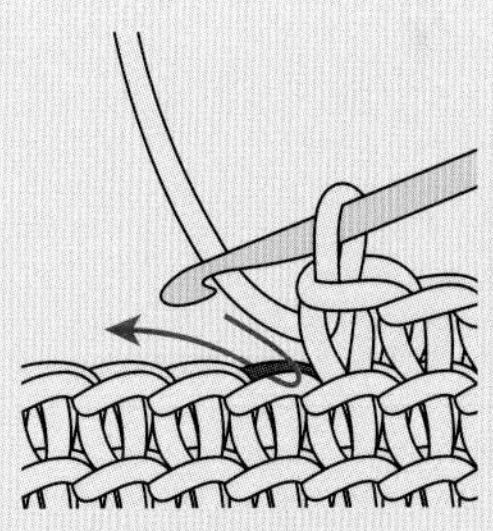

在前一行针目的头部挑针时，在后面的1根线（半针）里插入钩针。接着按短针的相同要领钩织。

要领!

用这种方法钩织后，前面的1根线（半针）呈条纹状留在外面。环形钩织花朵时，织片的正面就会出现条纹。

加针和减针

在钩织花瓣的过程中，通过加针和减针可以制作出弧度和纹理效果。此处以短针和长针为例进行说明，其他针法的加减针也按相同要领钩织。

1针放2针短针（加针）

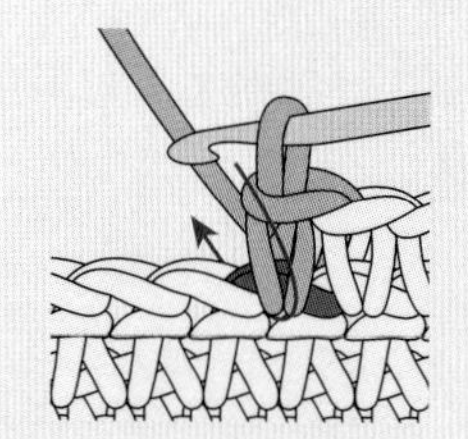

❶ 参照p.24钩1针短针。如箭头所示，在同一个针目里再次插入钩针。

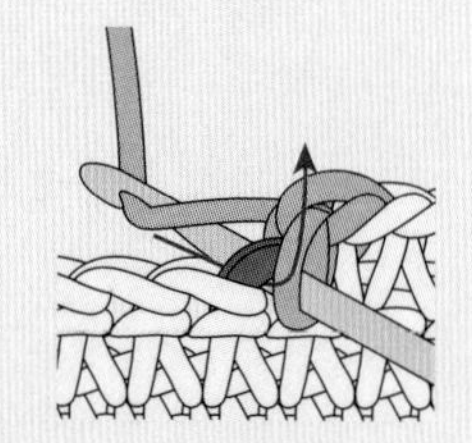

❷ 再钩1针短针。

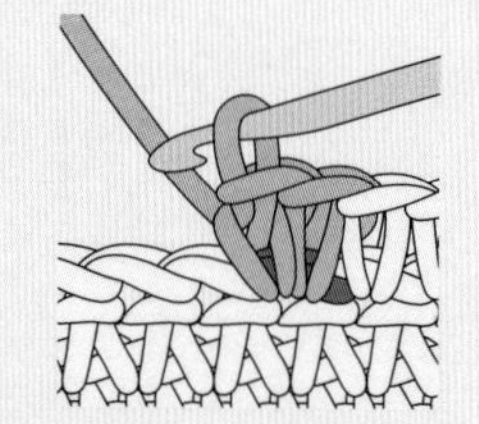

❸ 这是钩入2针短针后的状态。比前一行增加了1针。

要领!

通过在同一个针目里多次挑针钩织实现加针。

2针短针并1针（减针）

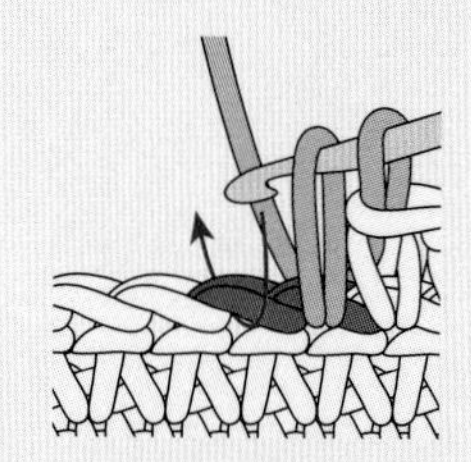

❶ 参照p.24钩织至短针的步骤❸，将线拉出（未完成的针目）。不要引拔，在下一个针目里插入钩针。

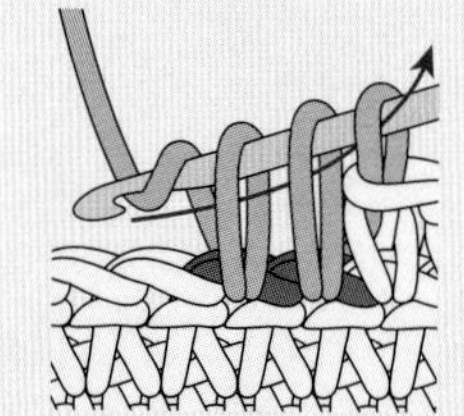

❷ 针头挂线后拉出。针头再次挂线，一次性引拔穿过针上的3个线圈。

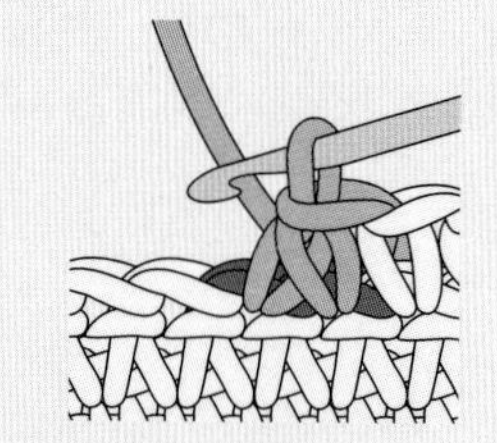

❸ 这是引拔后的状态。前一行的2针在这一行并作了1针。

要领!

第1针短针不要做最后的引拔操作，开始钩织第2针短针，第2次挂线后再一次性引拔。

1针放3针短针（加针）

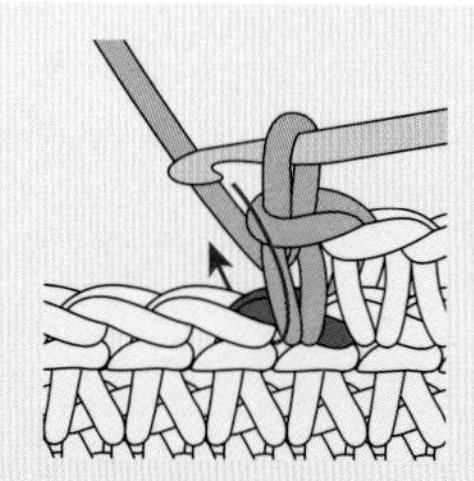

❶ 参照p.24钩1针短针。如箭头所示，在同一个针目里再次插入钩针。

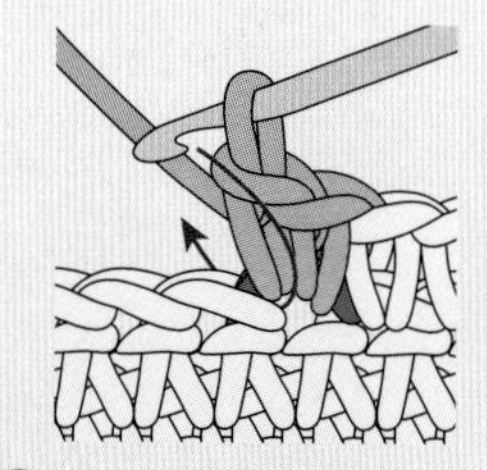

❷ 再钩1针短针。

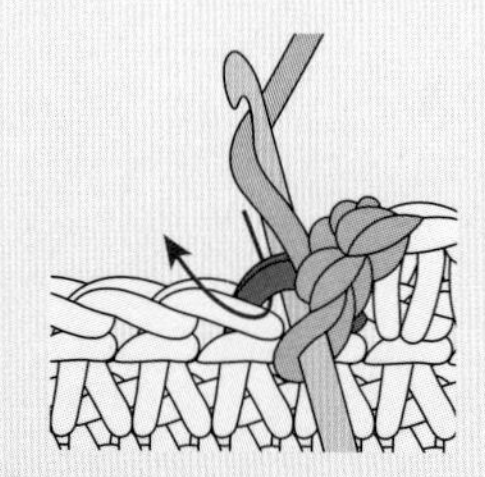

❸ 再钩1针短针。

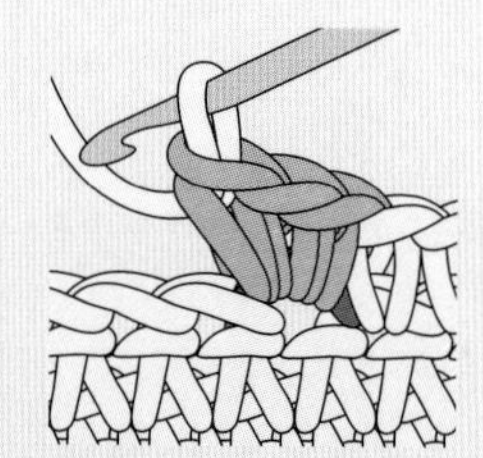

❹ 这是钩入3针短针后的状态。比前一行增加了2针。

1针放2针长针（加针）

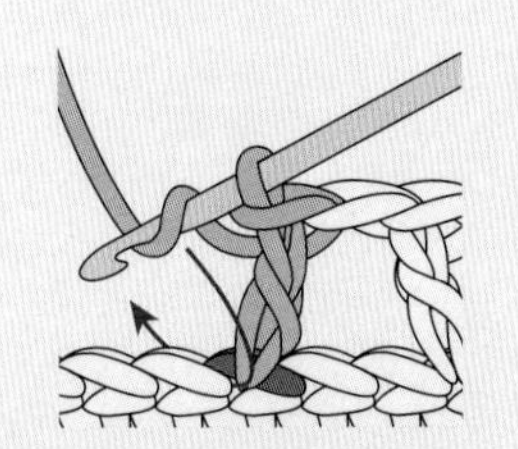

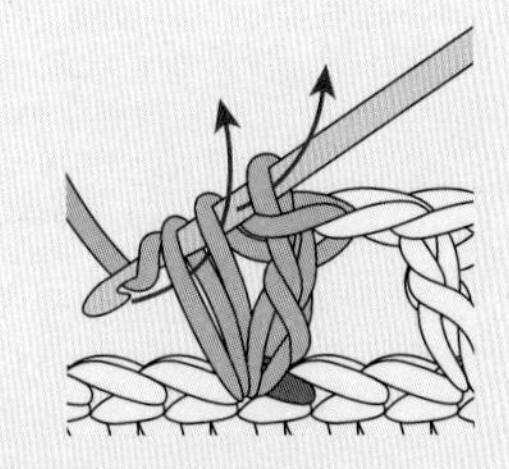

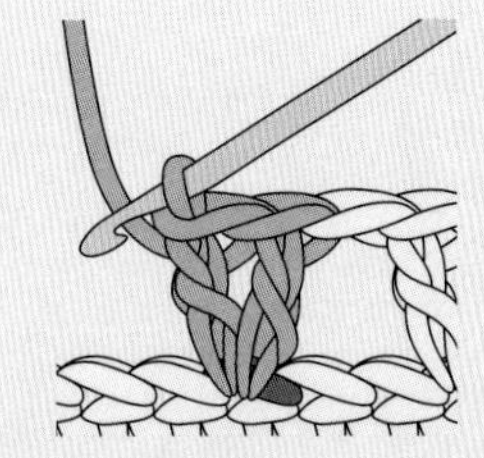

❶ 参照p.25钩1针长针。针头挂线，如箭头所示在同一个针目里再次插入钩针。

❷ 再钩1针长针。

❸ 这是钩入2针长针后的状态。比前一行增加了1针。

2针长针并1针（减针）

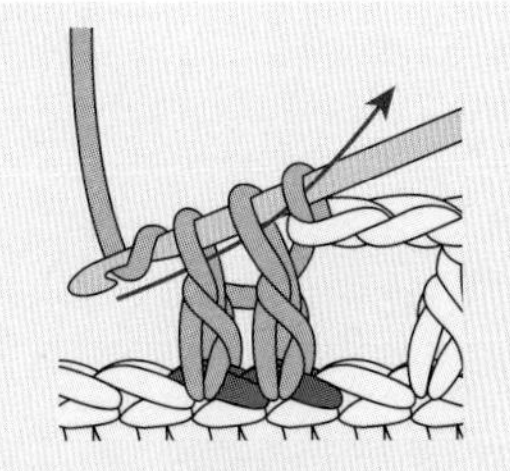

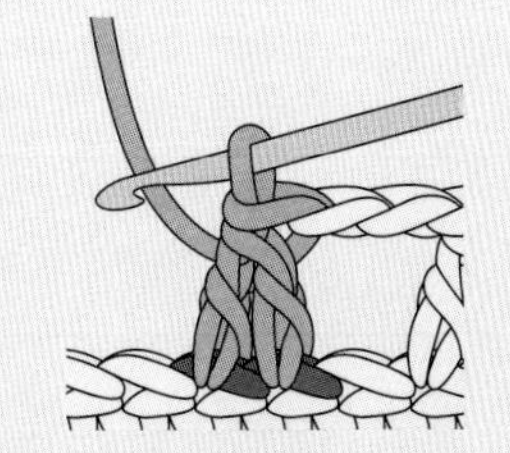

❶ 参照p.25钩1针未完成的长针。针头挂线，不要引拔，在下一个针目里再次插入钩针。

❷ 再钩1针未完成的长针。

❸ 第2针长针一次性引拔后的状态。前一行的2针在这一行并作了1针。

针法符号根部的区别

正如下面的针法符号所示，符号的下端（根部）有3针连在一起和3针分开的两种情况。当根部分开时（左），整段挑起前一行的锁针钩织（此处为3针锁针）。当根部连在一起时（右），在前一行的指定针目里挑针钩织。

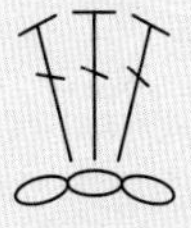

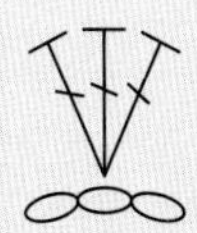

1针放3针以上的加针

这里介绍了1针放2针的加针技巧。有的花朵会在1个针目里钩入3针以上，甚至有1针放8针的情况。针数虽然增加了，但是钩织的基本要领是相同的，都是在同一个针目里多次挑针钩织。

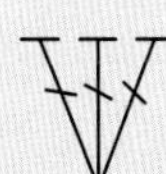

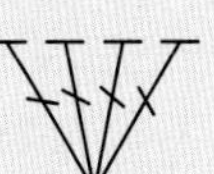

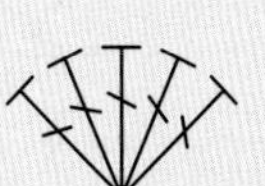

上色基础

花朵和叶子等钩织完成后，用染料进行上色。
缠线的茎部要等组合完成后再进行上色。

上色方法

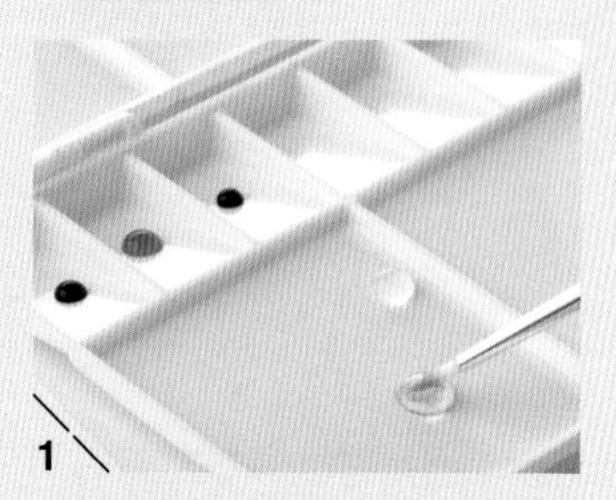

在调色盘里分别滴几滴用来上色的染料，再用吸管分散地滴上几滴水。用画笔蘸取一点染料，与水混合进行稀释。

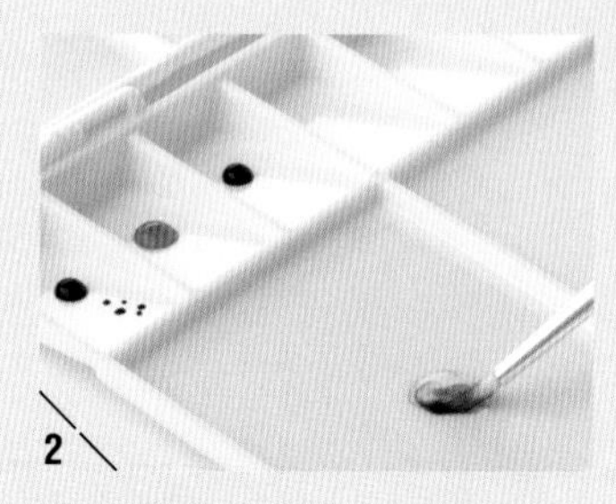

调配颜色时，各取少量颜色混合。

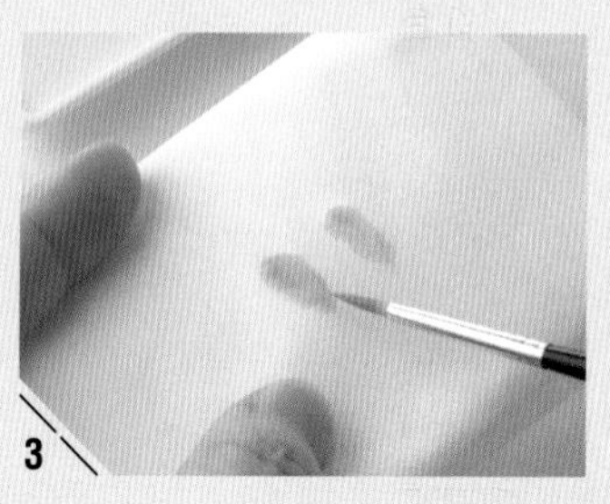

调完色后，涂在纸巾上确认一下颜色。

将钩织的花片完全放入水中浸湿。这样染料更容易渗透。

擦干花片的水分，用镊子调整形状。

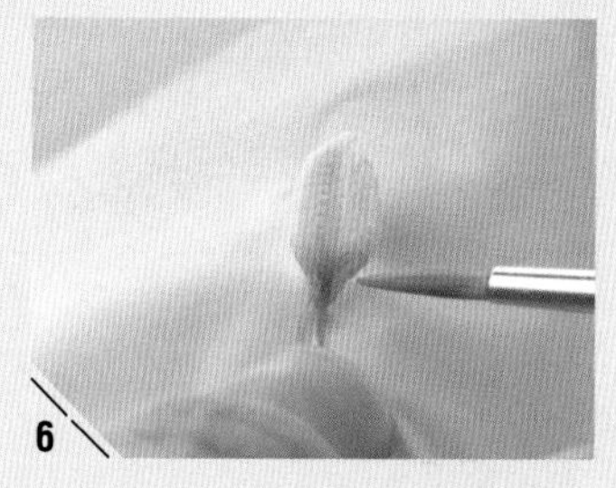

将花片放在纸巾上，用画笔蘸取染料一点一点上色。

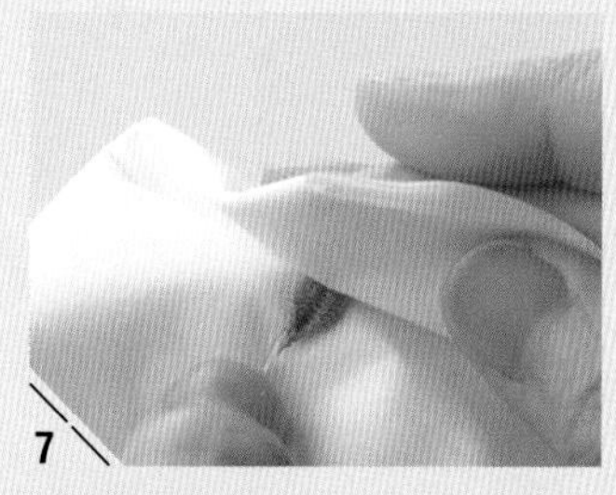

上色完成后，用纸巾轻轻地按压整个花片。

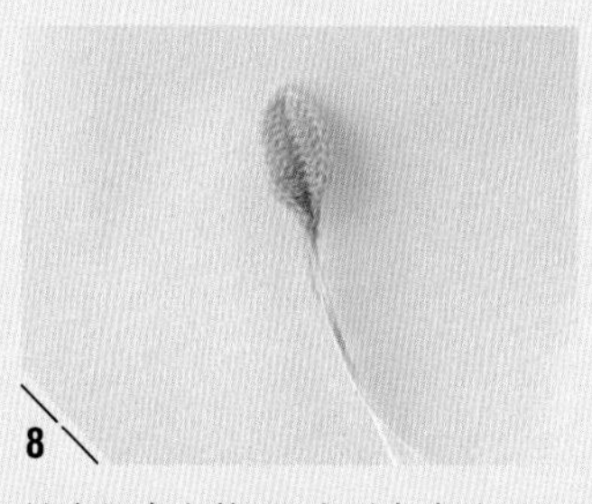

放在纸巾上静置1小时左右晾干。

色谱

下面介绍本书用Roapas Rosti染料调配的主要颜色。
颜色名称下方是对应的染料颜色，供大家上色时参考。
“水稍多”的标注表示稀释时多加一点水。

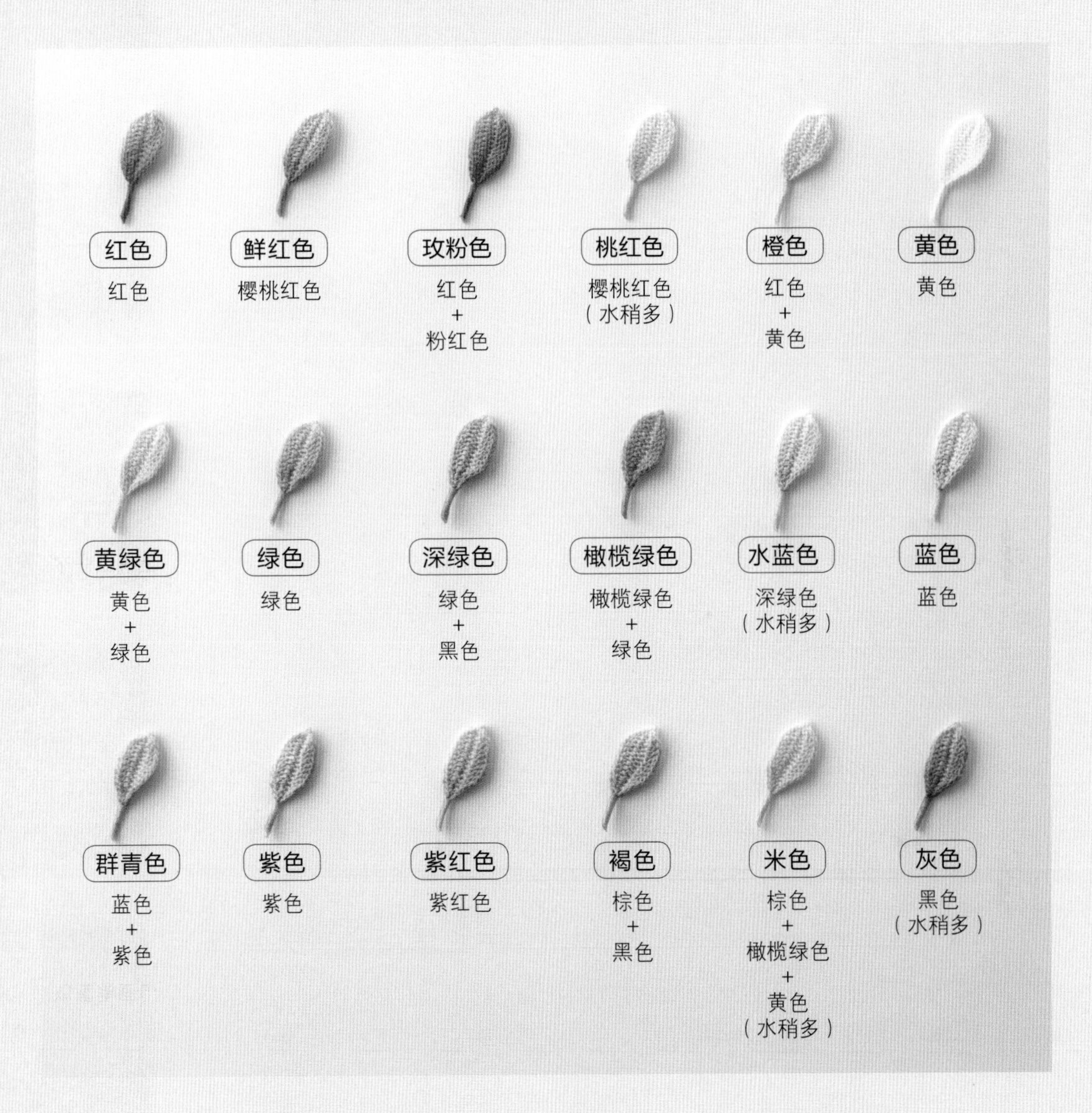

用油性马克笔上色

本书中，比如西番莲（p.87）等几种作品使用了油性马克笔上色。这种情况，花片无须浸湿，钩织完成后调整一下形状，直接用马克笔的笔尖上色即可。

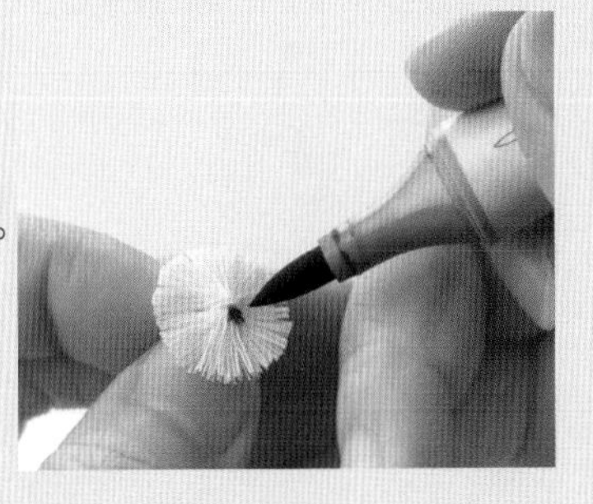

麻叶绣线菊

一簇一簇的小花仿佛小巧的手球。
钩织12朵小花，
组合成半球形。
叶子的锯齿形边缘也很别致。
因为玻璃微珠上色后容易掉色，
所以请务必给花朵喷上定型喷雾剂后再粘贴。

作品图—— p.11
成品尺寸——约9cm
花的直径——0.6cm
叶子的长度——2cm
上色——将叶子和茎部先染成黄绿色，
再染上橄榄绿色

材料

DMC Cordonnet Special（BLANC 80号）
纸包花艺铁丝（白色 35号）
玻璃微珠适量

编织图解

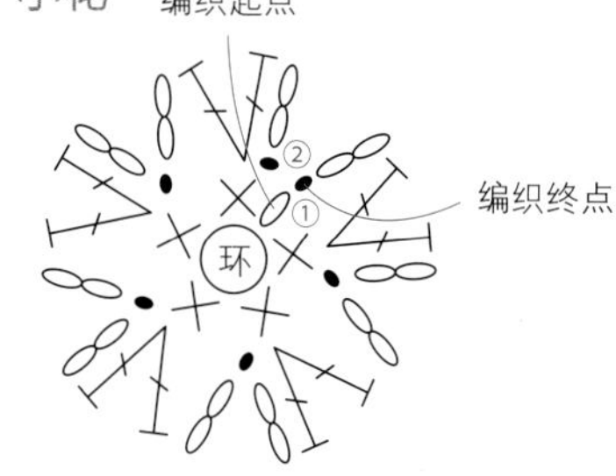

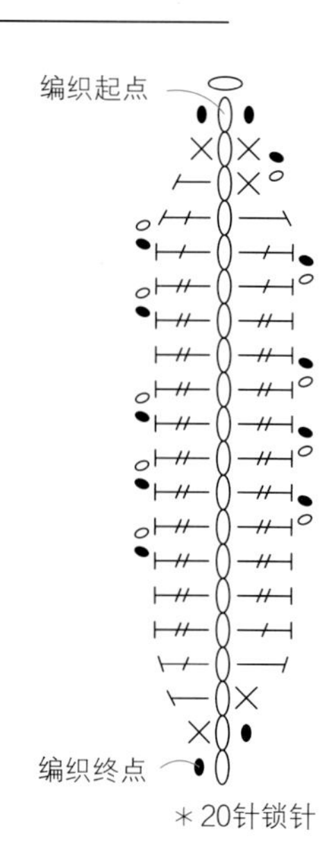

制作方法

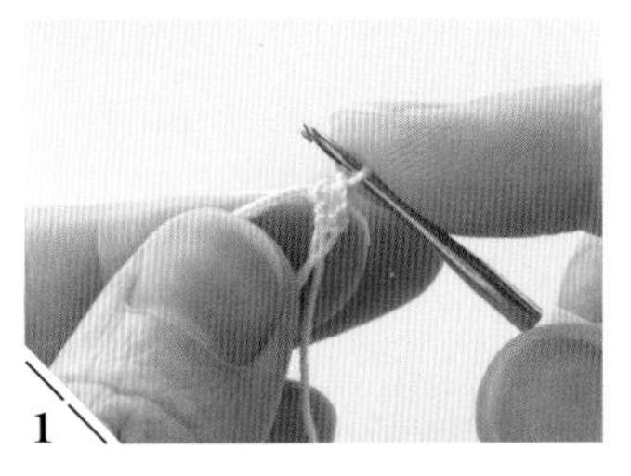

1 参照p.23环形起针，松松地钩1针短针。

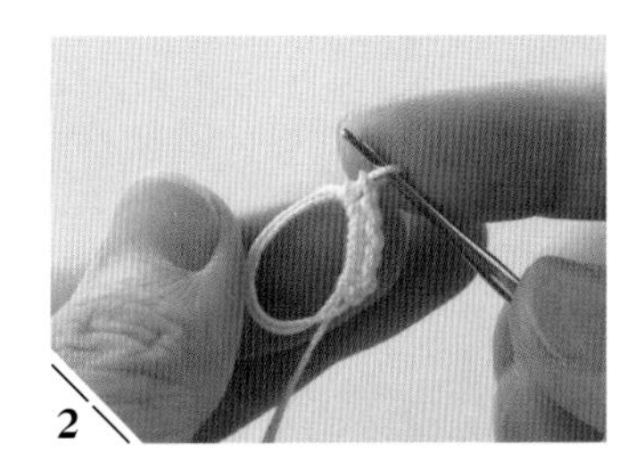

2 接着钩剩下的4针短针。

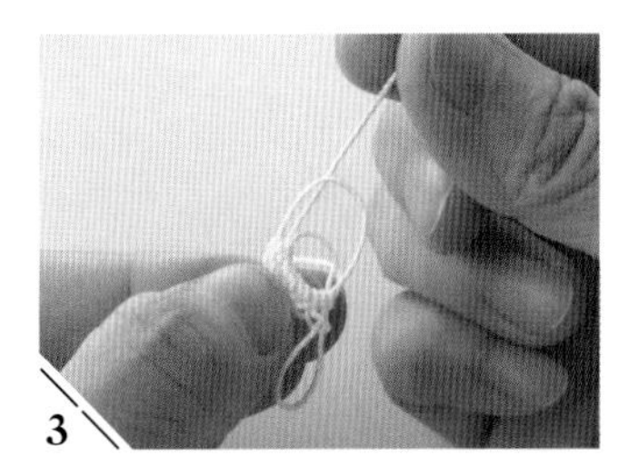

3 暂时取下钩针，拉动编织起点的线头，确认线环中哪根线在活动。

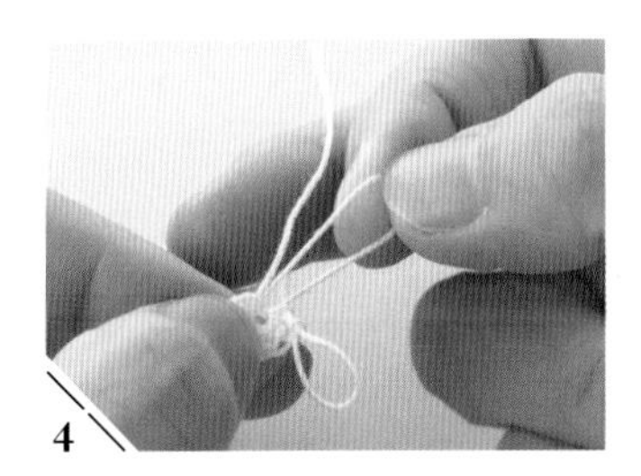

4 拉动步骤**3**中活动的那根线，收紧线环。

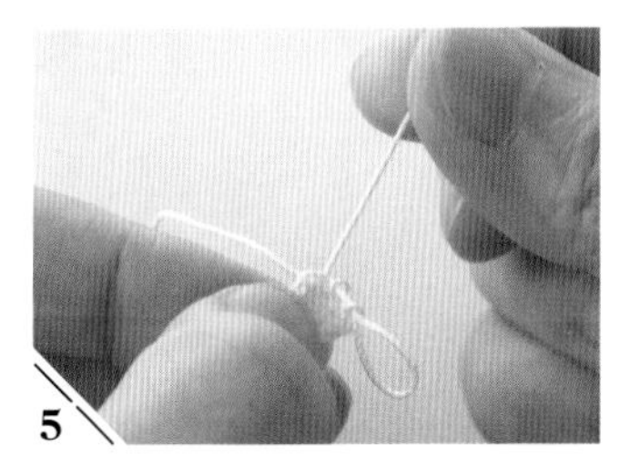

5 拉动编织起点的线头，拉紧剩下的线。

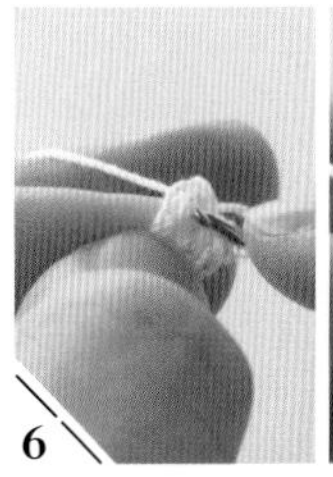

6 在第1圈短针的头部2根线里插入钩针，针头挂线引拔。至此，第1圈完成。

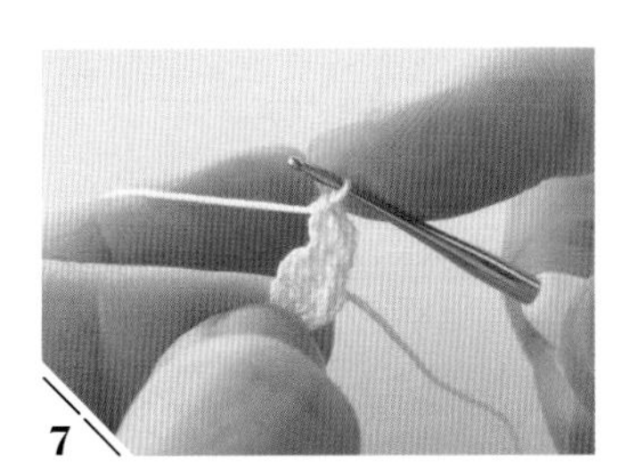

7 开始钩织第2圈。先钩2针锁针、2针长针。

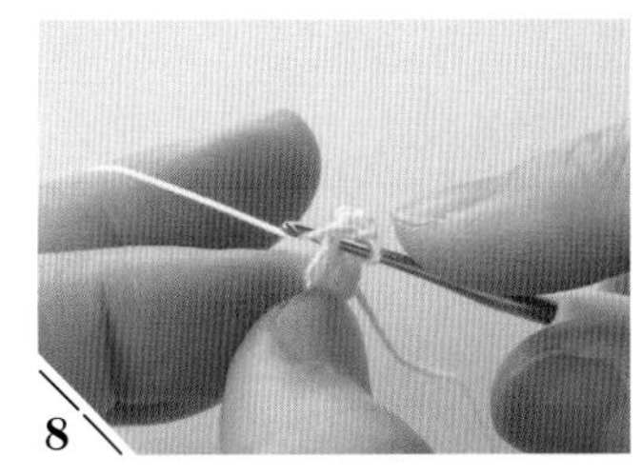

8 接着钩2针锁针，在下一个针目里插入钩针，针头挂线引拔。

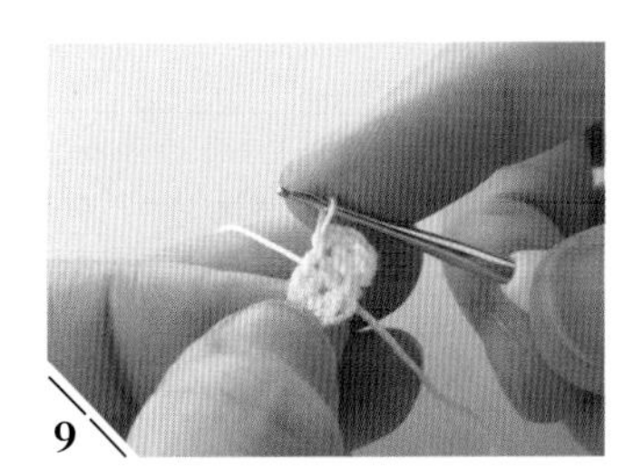

9 1片花瓣完成。用相同方法钩织剩下的4片花瓣。

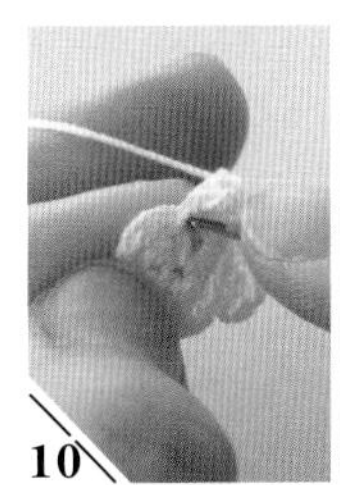

10 第5片花瓣完成后，在第1圈结束时的引拔针里插入钩针，针头挂线引拔。

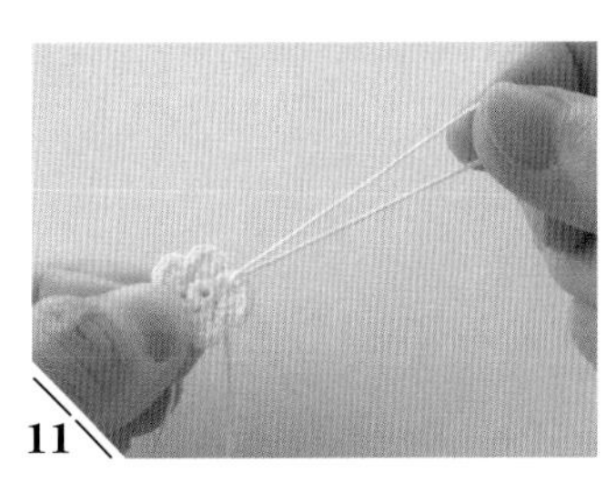

11 编织终点留出20cm左右的线头剪断，拉出线头。

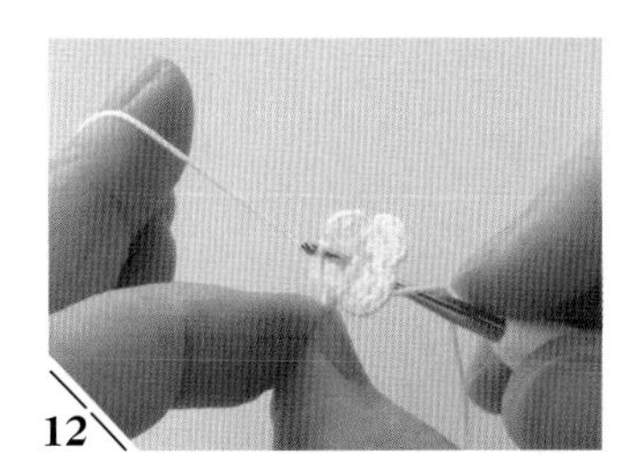

12 从反面将钩针插入中心的针目，针头挂线，将线头拉至反面。

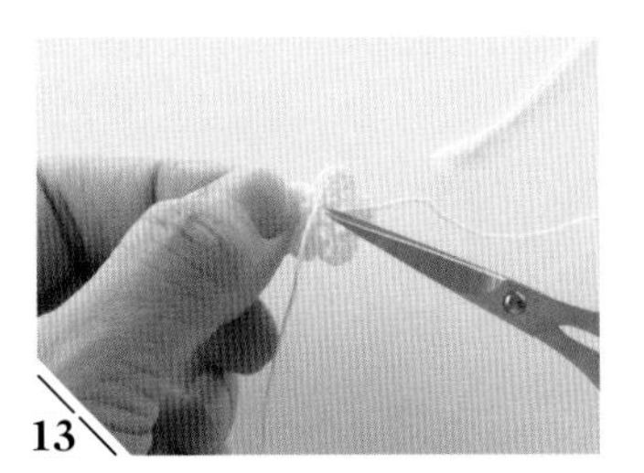

13 将编织起点的线头紧贴着针脚剪断。

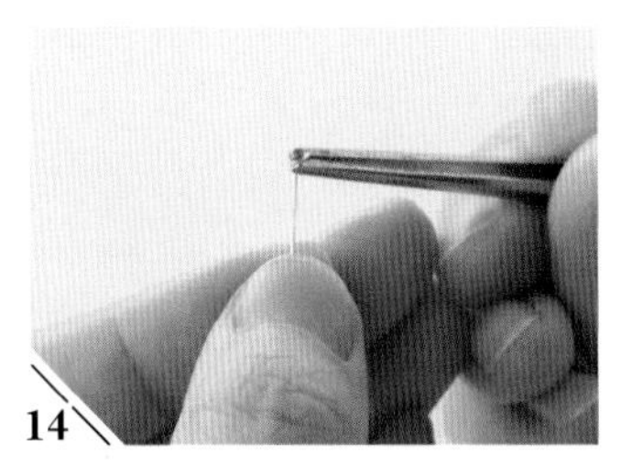

14 将铁丝剪至12cm，用镊子夹住铁丝的一端弯折。

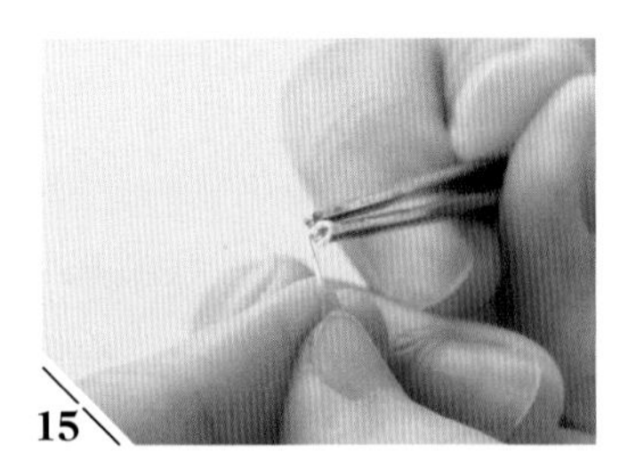

15 调整镊子再次弯折铁丝，弯出小圆环的形状。

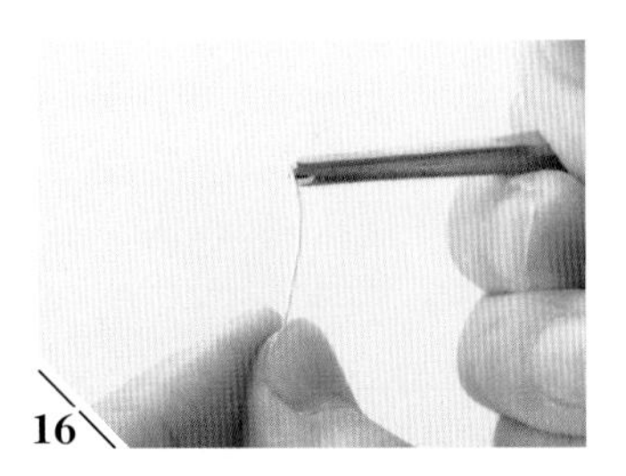

16 用镊子夹住圆环部分，以铁丝为轴折成90°。

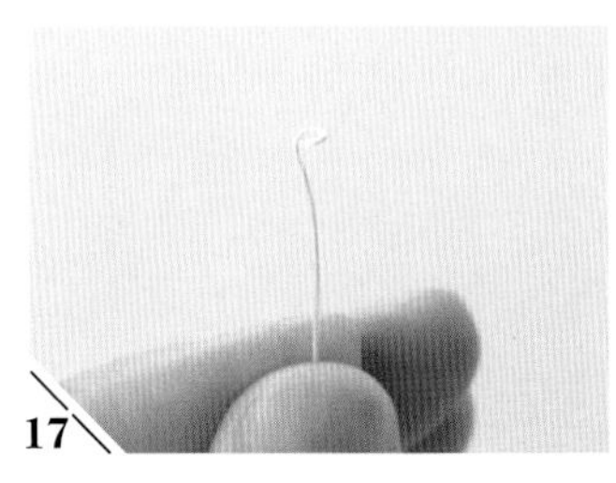

17 铁丝准备好了。

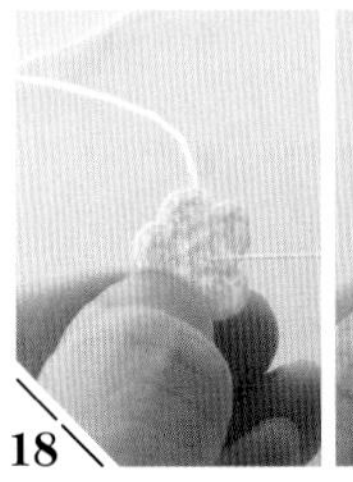

18 将步骤**17**的铁丝穿入小花的中心，直到弯折的圆环部分卡在小花上。

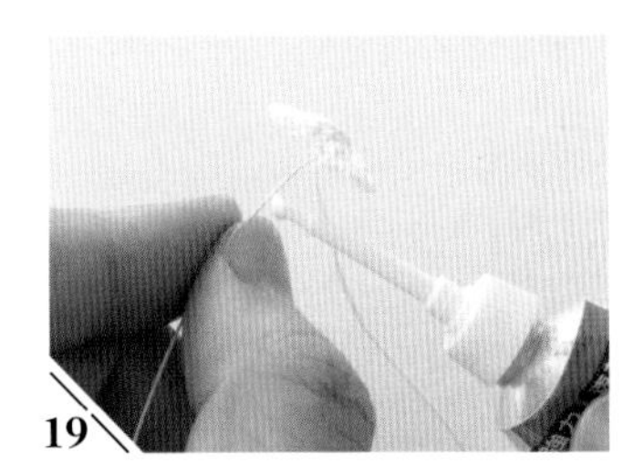

19 在铁丝的根部涂上黏合剂，将线缠在上面。

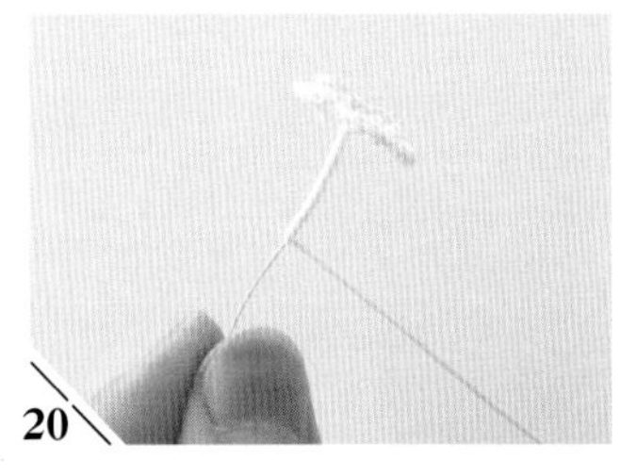

20 在小花的根部缠上7mm左右的线。重复步骤**1~20**，再制作11朵小花。

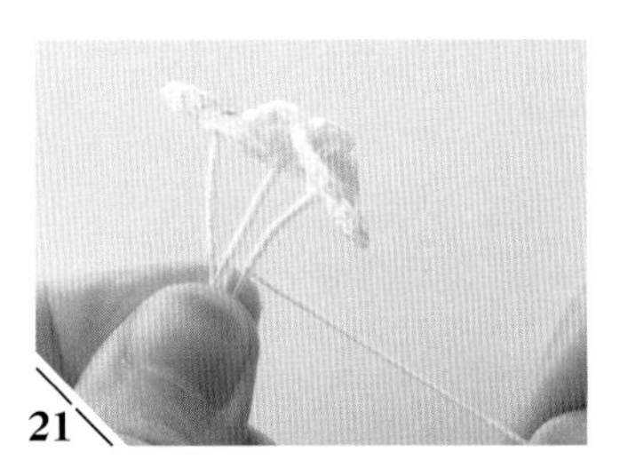

21 将3朵小花对齐缠线终点位置并在一起，涂上黏合剂，缠上3mm左右的线。

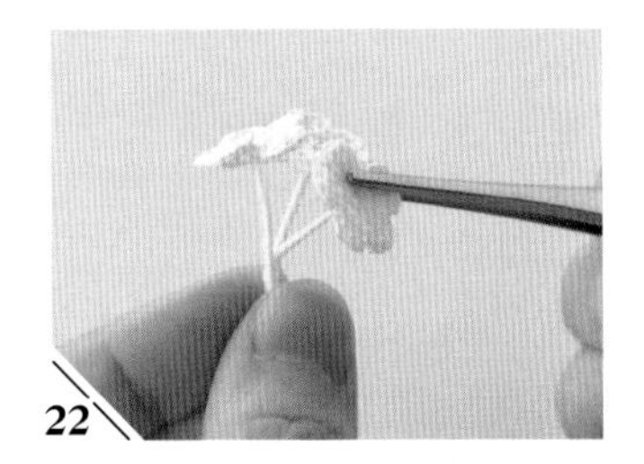

22 用相同方法，3朵小花为1组再制作3束。将小花的其中1根铁丝保持直立状态，另外2根铁丝用镊子调整成倾斜状态。

23 将2束小花对齐缠线终点位置，使直立状态的铁丝并在一起。涂上黏合剂，缠上2mm左右的线。剩下的2束也用相同方法进行组合。

24 将分别缠好的2束小花对齐缠线终点位置，使直立状态的铁丝并在一起。

25 涂上黏合剂，缠上5mm左右的线。调整小花的方向，使整体呈半球形。

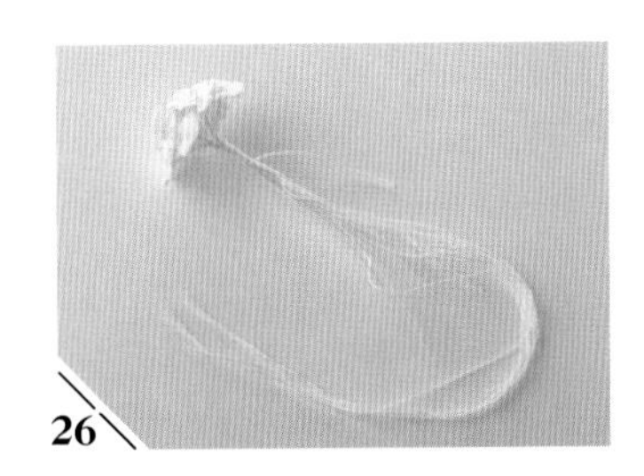

26 至此，1个花序完成。用相同方法再制作1个花序。

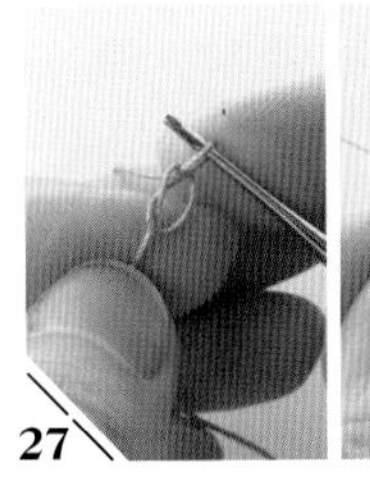

27 接着制作叶子。按p.22锁针起针的方法完成步骤**1~3**，在拉紧线结之前穿入铁丝。

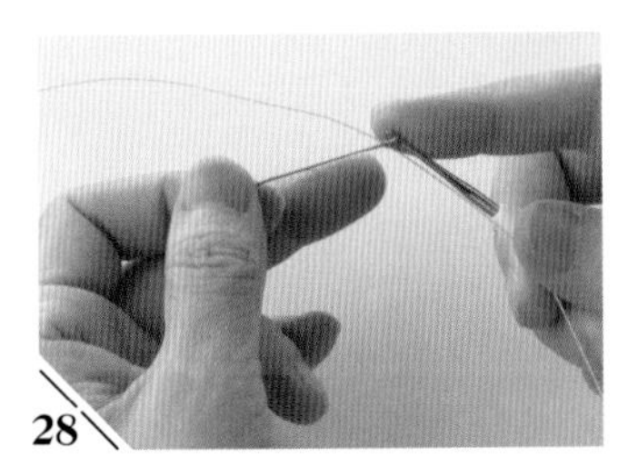

28 拉紧线，将线结移至铁丝的正中间。

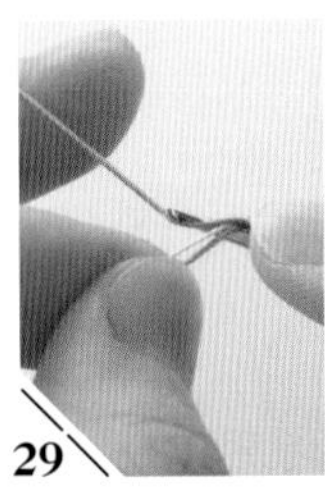

29 一起捏住铁丝和编织起点的线头。从铁丝的下方插入钩针，针头挂线，再从铁丝的下方拉出。

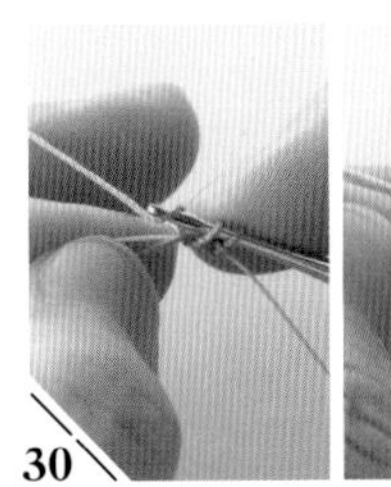

30 直接从铁丝的上方在针头挂线，引拔穿过针上的2个线圈，即以铁丝为内芯钩织短针。

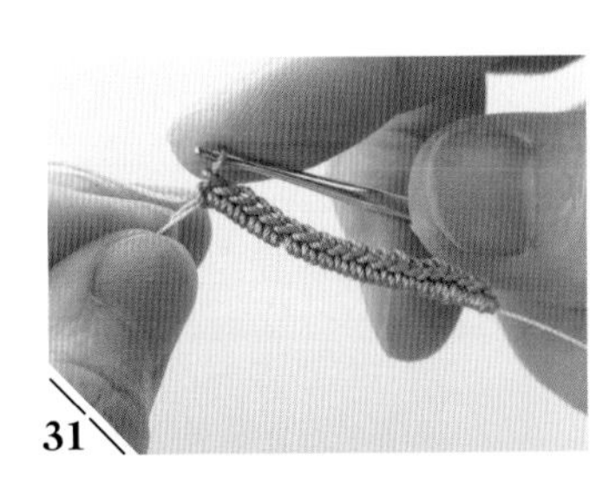

31 用相同方法钩织20针。这就是编织图解中的锁针起针。

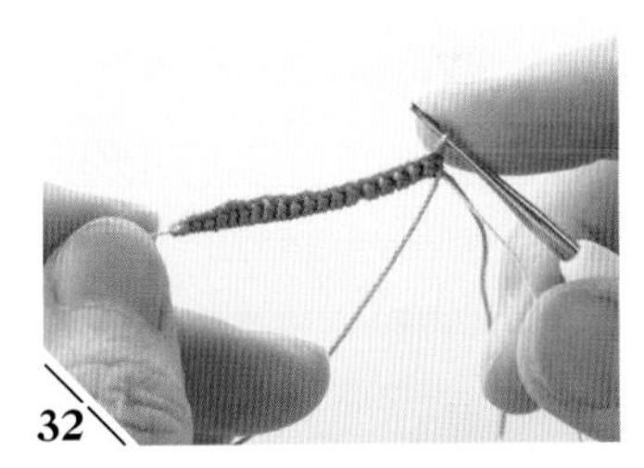

32 拿好钩针不动，逆时针方向水平翻转铁丝。

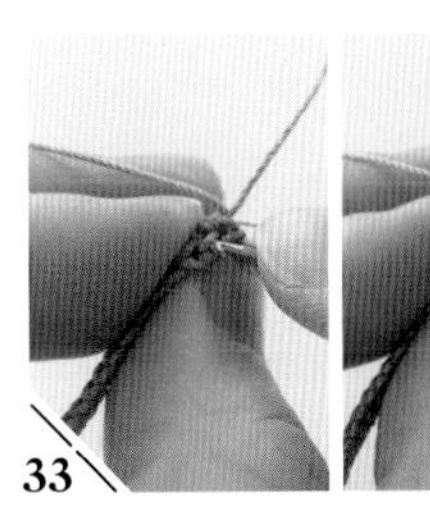

33 在后面半针里插入钩针。

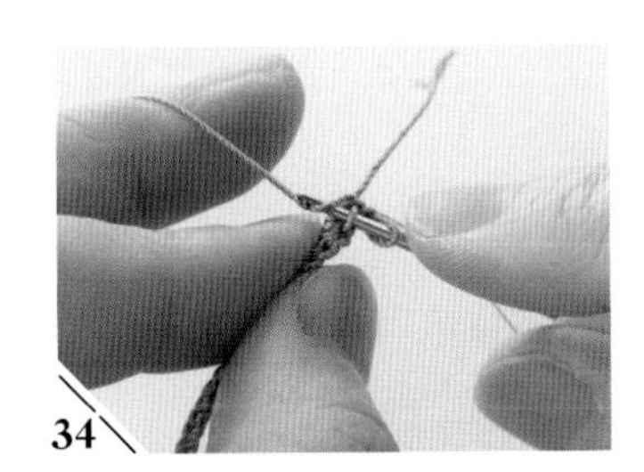

34 针头挂线引拔。

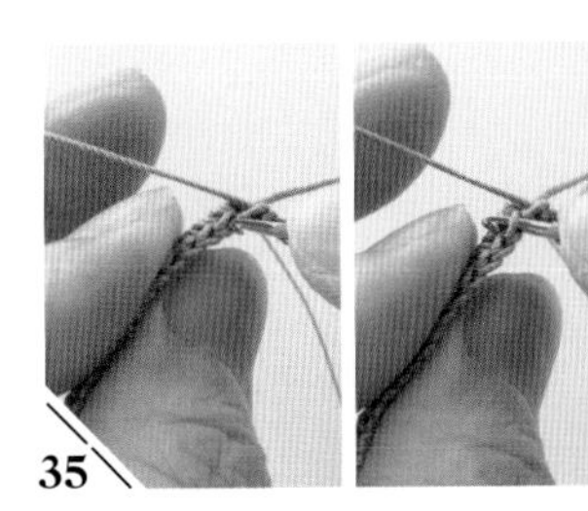

35 在下一针的后面半针里插入钩针。

36 钩1针短针。

37
用相同方法在后面半针里插入钩针，接着钩1针中长针、1针长针、3针长长针。

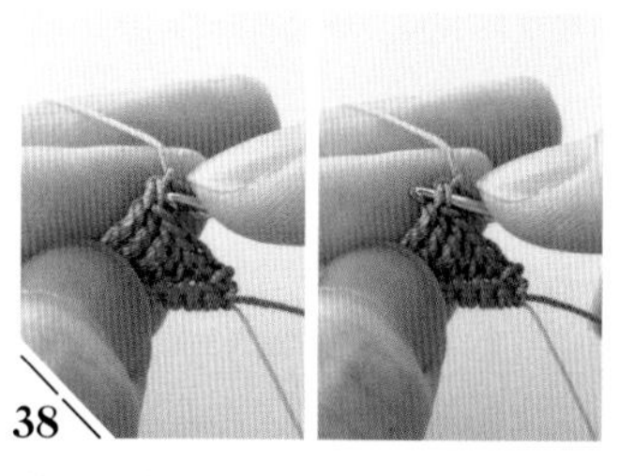
38
钩1针锁针，在前一针长长针的根部2根线里插入钩针。

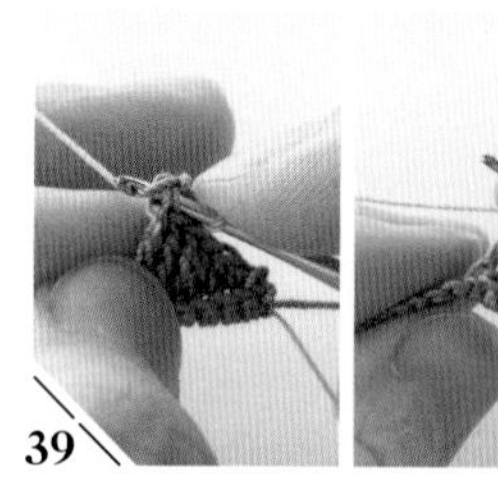
39
针头挂线引拔。这就是叶子的锯齿部分。

40
按编织图解钩织至最后的短针。

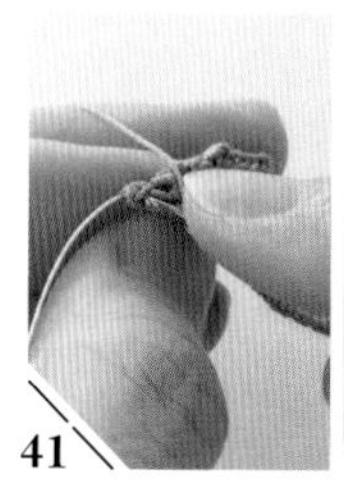
41
在下一针的后面半针里引拔。

42
叶子的一侧完成。

43
将已织部分移至铁丝的正中间，再将铁丝对折。

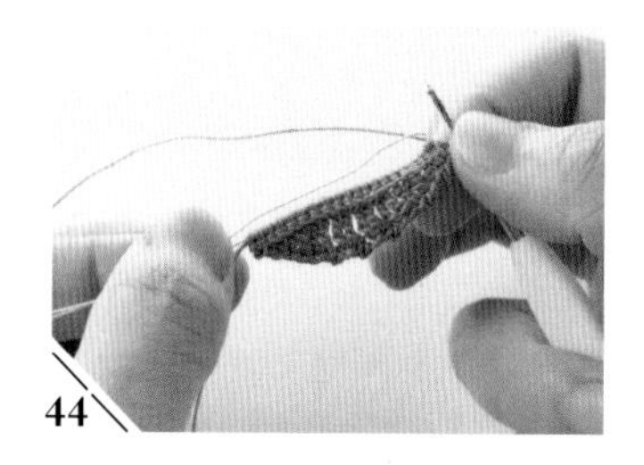
44
将完成的一侧朝下拿好。

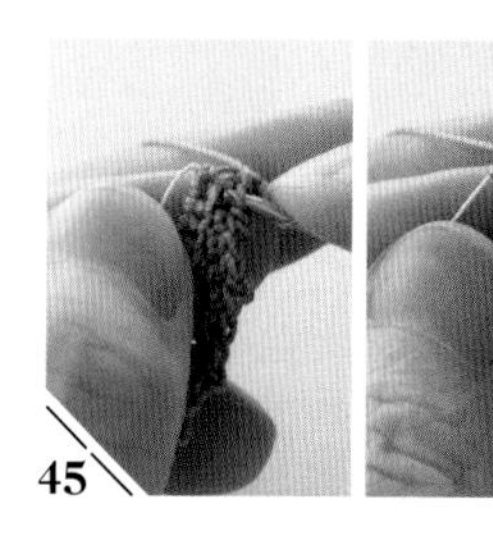
45
钩1针锁针，接着在前一针引拔针的半针以及锁针起针剩下的半针里插入钩针，针头挂线引拔。

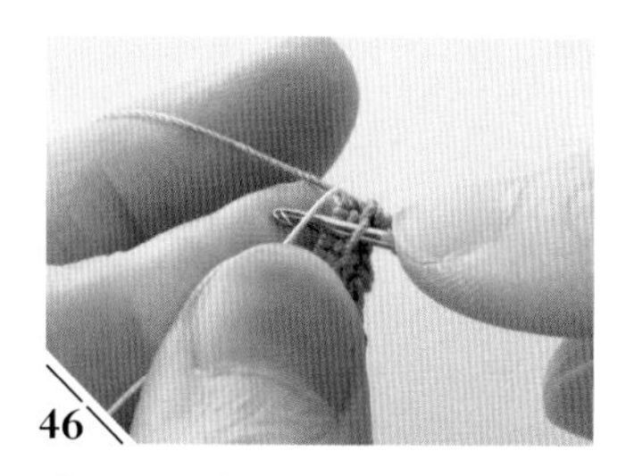
46
在剩下的半针里插入钩针，穿过铁丝的下方。

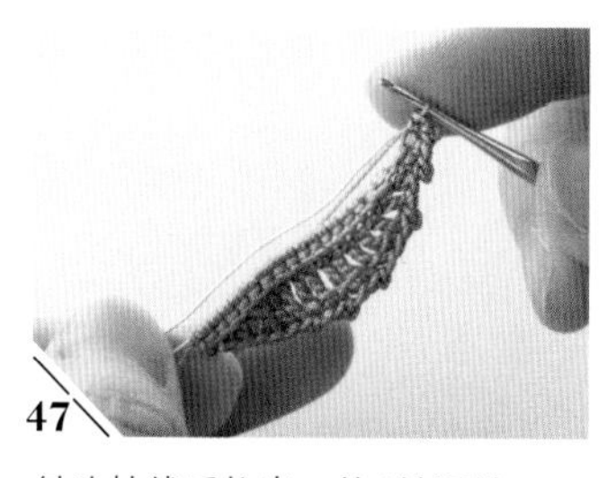
47
针头挂线后拉出，钩1针短针。

48
按编织图解继续钩织至最后的短针。

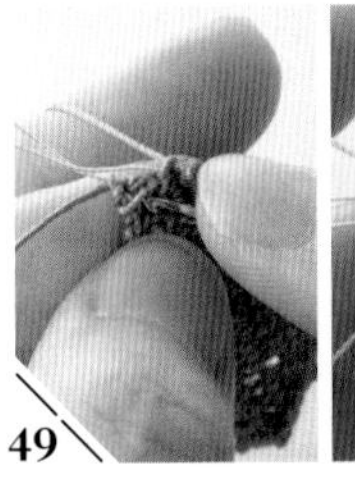
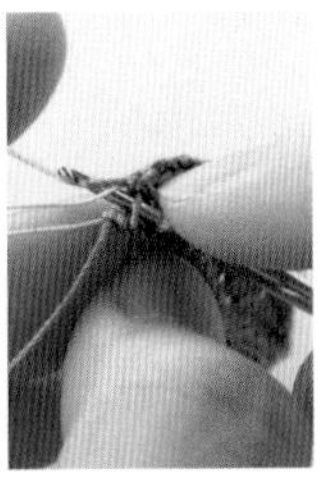

49

在剩下的半针里插入钩针。穿过铁丝的下方，针头挂线引拔。

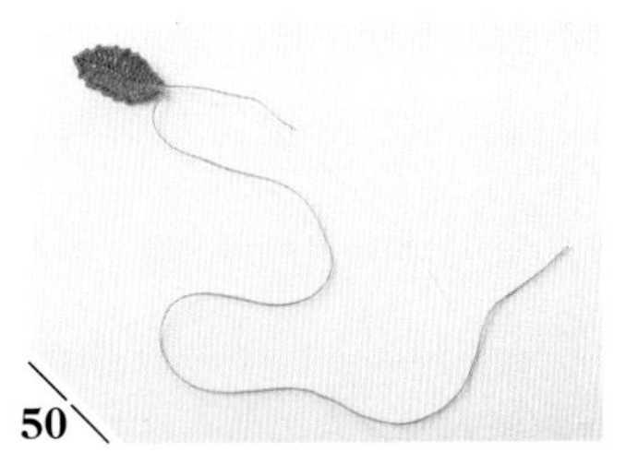

50

留出30cm左右的线头剪断，拉出线头。叶子就完成了。然后给叶子上色。用相同方法一共钩织9片叶子。

51

分别在叶子根部的铁丝上涂上黏合剂，缠上5mm左右的线。

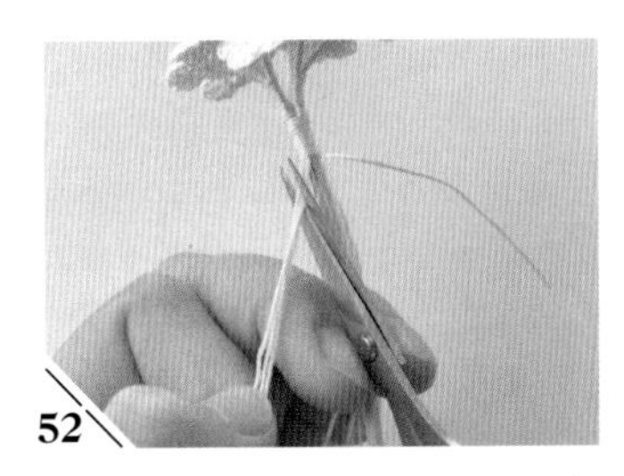

52

保留花束铁丝上的缠线，剪掉多余的线头。错开长度斜着剪断，注意切口不要重叠在一起。

53

对齐缠线终点位置，将1组花序和1片叶子组合在一起，涂上黏合剂缠线。注意整体形态的均衡性，缠上5mm左右的线。

54

对齐缠线终点位置加入另一片叶子，涂上黏合剂继续缠线。将剩下的叶子也错落有致地组合在一起。

55

所有花序和叶子组合完成后（图片只是其中一部分），将黏合剂滴在食指上，再薄薄地涂在缠线终点处。

56

上色，等黏合剂晾干后，斜着剪断铁丝和线。再在切口处涂上黏合剂晾干。

57

用镊子调整小花和叶子的形状，在小花和叶子部分喷上定型喷雾剂后晾干。

58

将玻璃微珠放在容器里，用浅黄色的油性马克笔（Copic YG21）涂上颜色。

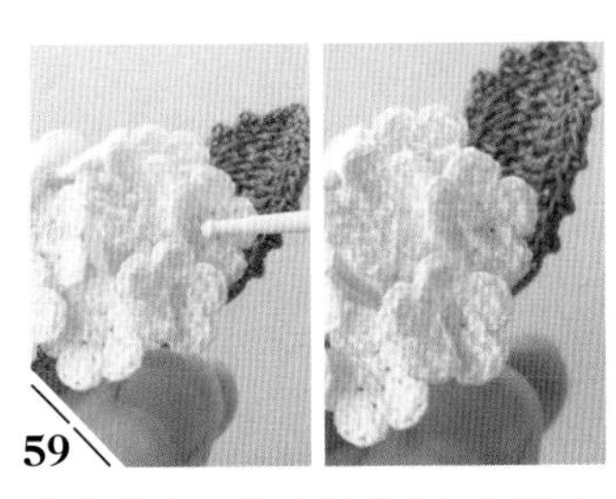

59

在小花中心卡住铁丝的位置涂上黏合剂。

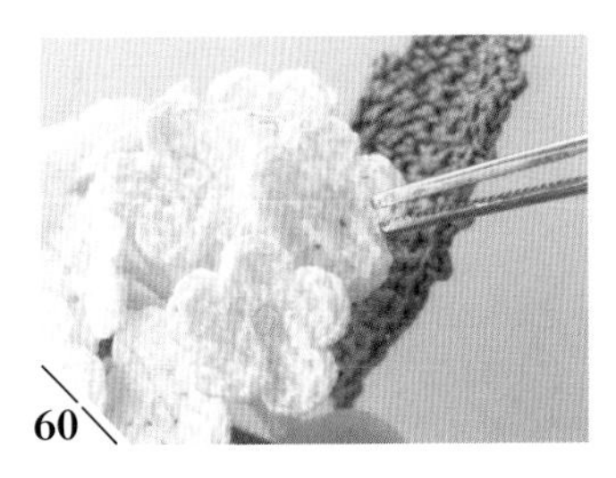

60

用镊子夹起10颗左右的玻璃微珠粘贴在上面。剩下的小花也用相同方法粘贴玻璃微珠，晾干后就完成了。

帝王花

这是原产于南非的“帝王花”。
钩织出大朵立体的花形，充满异国风情。
相互重叠的花瓣和花朵周围的叶子也独具特色。
进行组合时，注意叶子的排列要错落有致。
为了使组合过程更加简单易懂，
组合时均为实际使用80号线钩织的图片。

作品图—— p.10
成品尺寸——约6.2cm
花的直径——1.5cm
叶子的长度——1.5cm
上色——花芯染上灰色和紫色，花瓣染上浅黄色和红色，
叶子、茎部、花萼随意地染上黄绿色和橄榄绿色

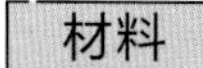

DMC Cordonnet Special（BLANC 80号）
纸包花艺铁丝 （白色 35号）

编织图解

第3圈是在第2圈的后面半针里挑针钩织

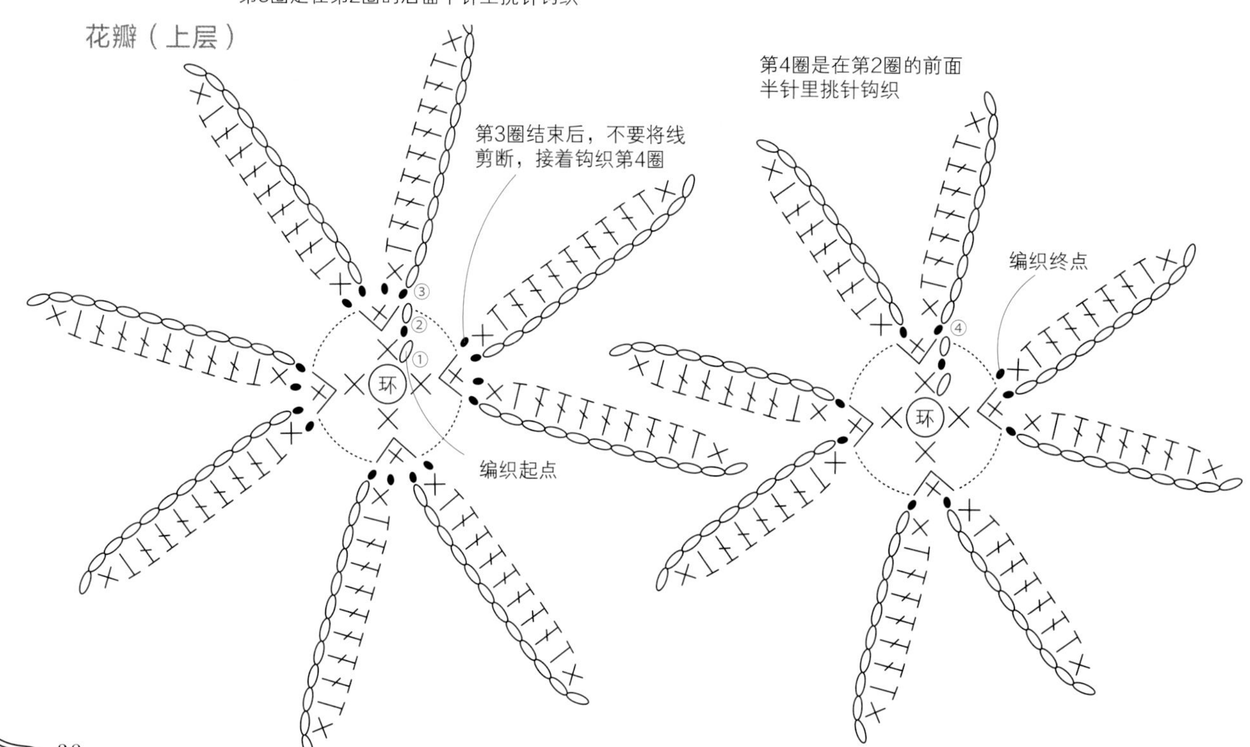

花瓣（下层）

第3圈是在第2圈的后面半针里挑针钩织

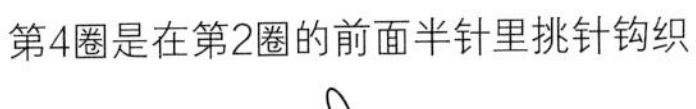

第4圈是在第2圈的前面半针里挑针钩织

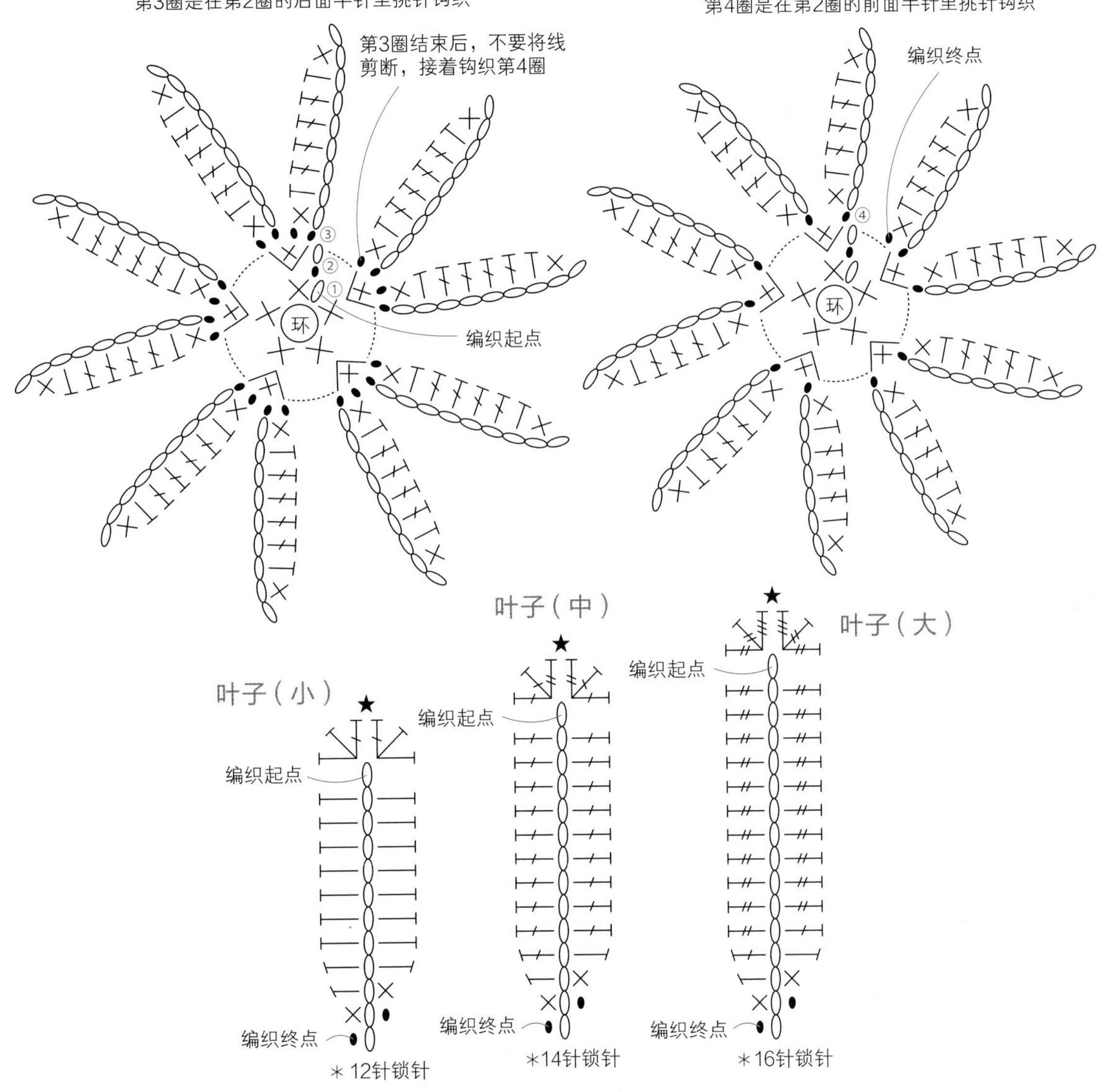

花萼

第2圈是在第1圈的后面半针里挑针钩织

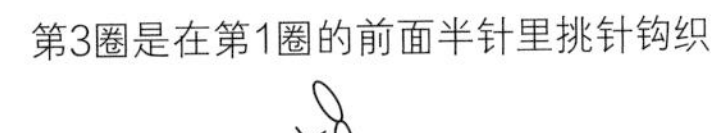

第3圈是在第1圈的前面半针里挑针钩织

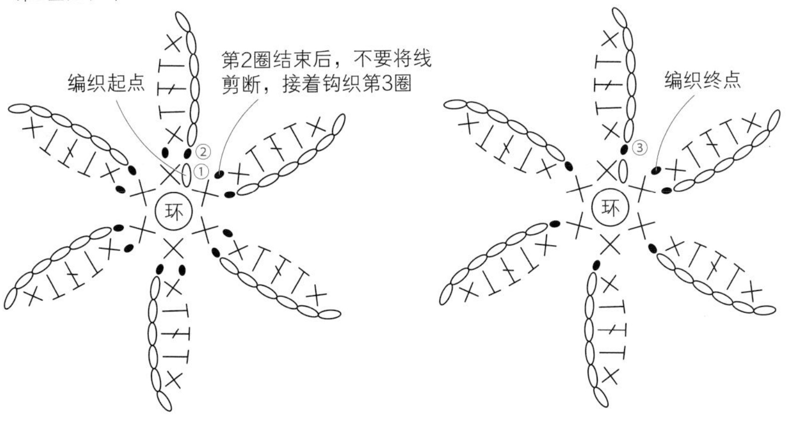

叶子编织图解的★标记处是一种独特的钩织方法，可以使花瓣顶端等处呈现尖尖的形状。也用于其他作品中。

制作方法

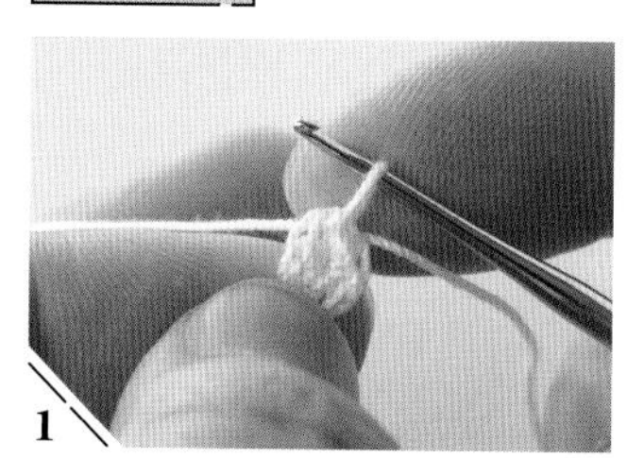

1 制作花瓣（上层）。参照p.23环形起针，钩4针短针后收紧线环。在第1圈短针的头部2根线里插入钩针引拔。第1圈完成。

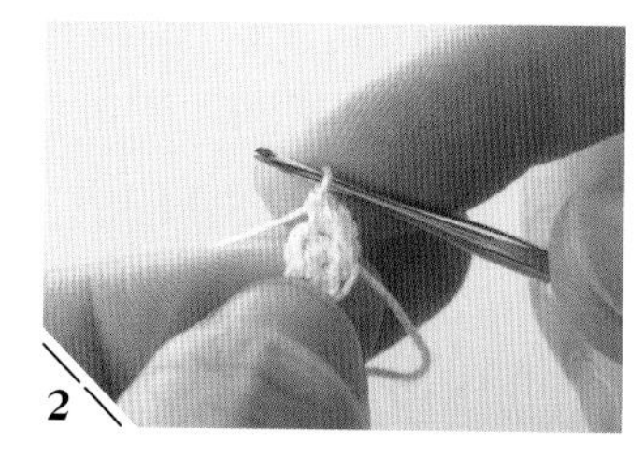

2 开始钩织第2圈。钩1针锁针，在同一个针目里插入钩针，钩2针短针。

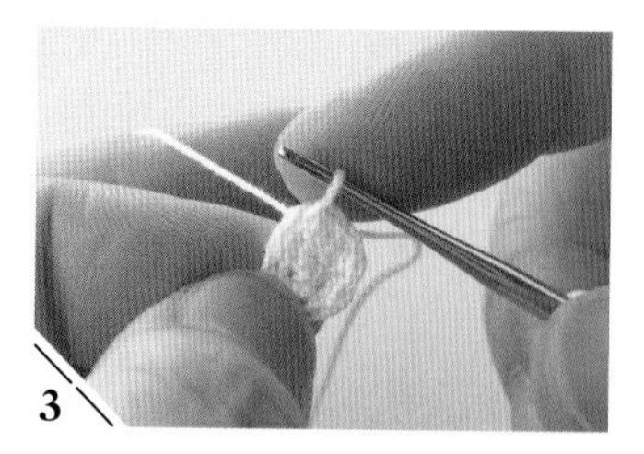

3 用相同方法继续钩织，然后在第2圈短针的头部2根线里插入钩针，针头挂线引拔。第2圈完成。至此，针目从4针加到了8针。

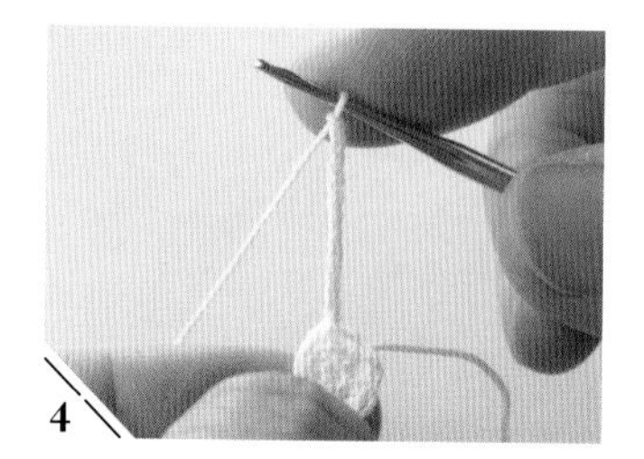

4 接着钩织第3圈。钩12针锁针。

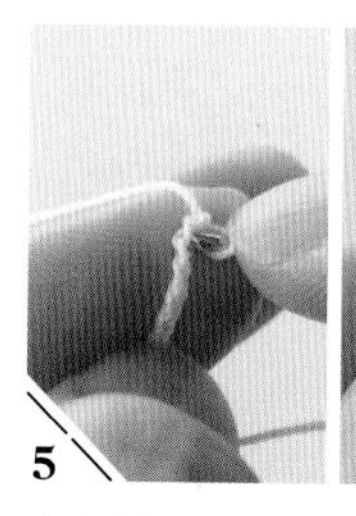

5 在倒数第2针锁针的2根线（锁针的半针和里山）里插入钩针。

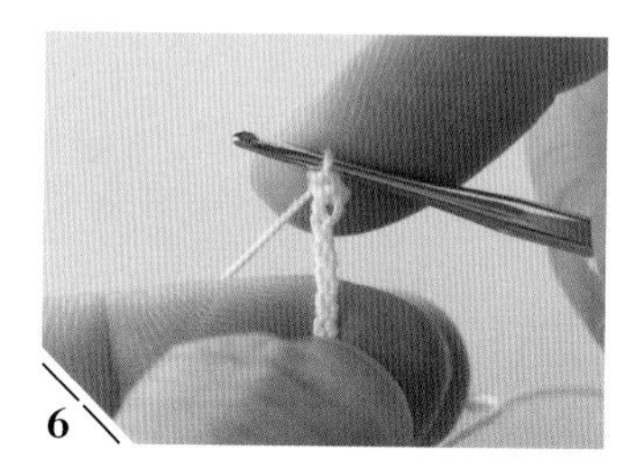

6 钩1针短针。

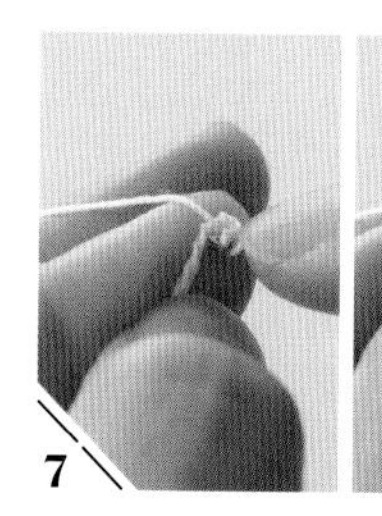

7 针头挂线，在下一针锁针的半针里插入钩针。

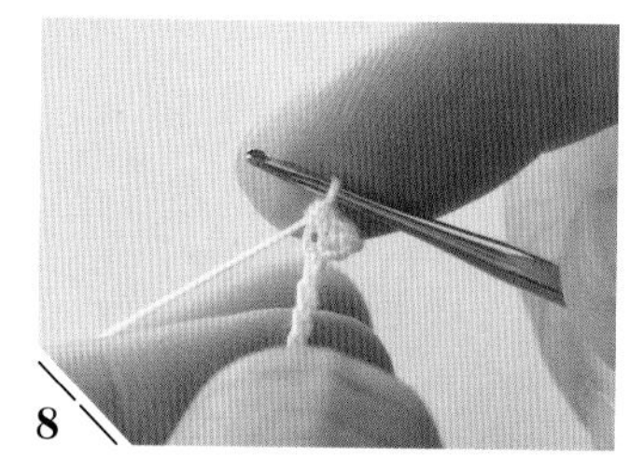

8 钩1针中长针。用相同方法钩7针长针。

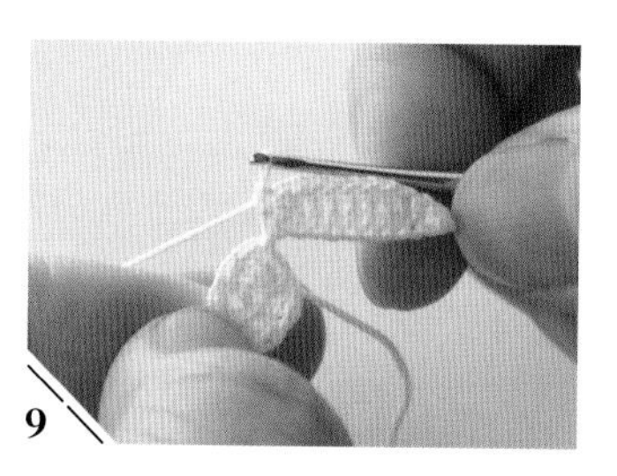

9 再钩1针中长针、1针短针，图为钩完后的状态。

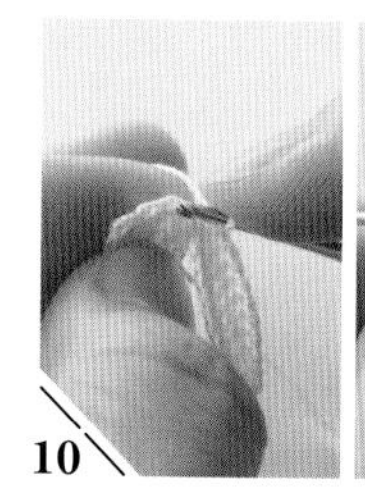

10 在第2圈短针的后面半针里插入钩针引拔。

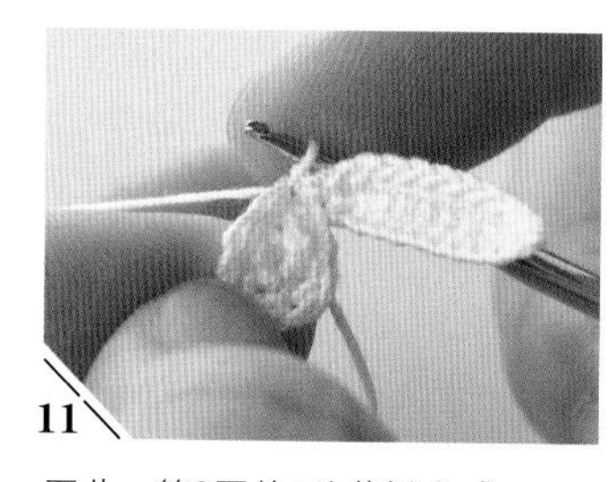

11 至此，第3圈的1片花瓣完成。

12 剩下的花瓣也用相同方法钩织，一共钩织8片花瓣。第3圈完成。

13

接着钩织第4圈。第2圈的前面半针看不太清楚时，可以用锥子将针目戳大一点。

14

在剩下的前面半针里插入钩针引拔。

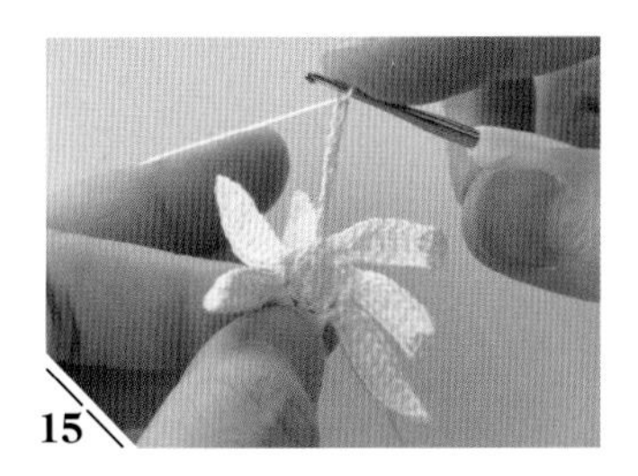

15

钩10针锁针。

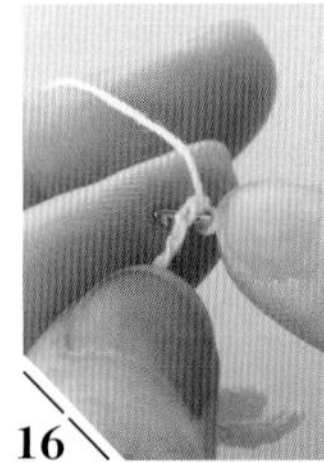
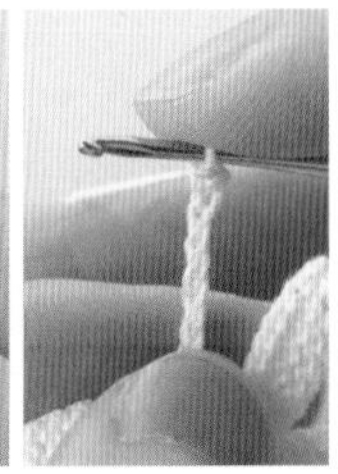

16

与第3圈一样，在倒数第2针锁针的2根线里插入钩针，钩1针短针。

17

在后续的锁针里插入钩针，钩1针中长针、5针长针、1针中长针、1针短针，然后在第3圈下一针的前面半针里插入钩针。

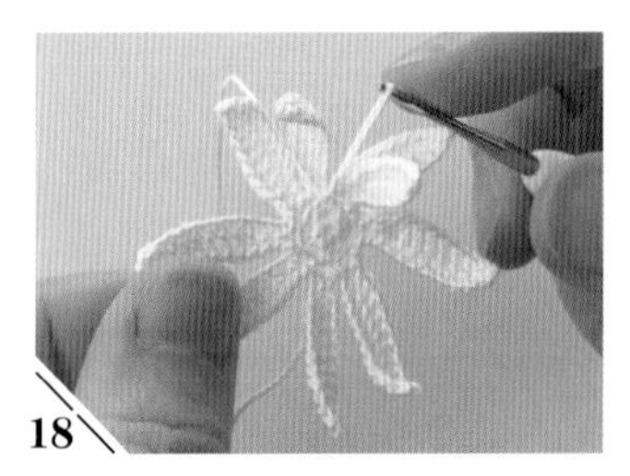

18

引拔后的状态。至此，第4圈的1片花瓣完成。

19

剩下的花瓣也用相同方法钩织，一共钩织8片花瓣。

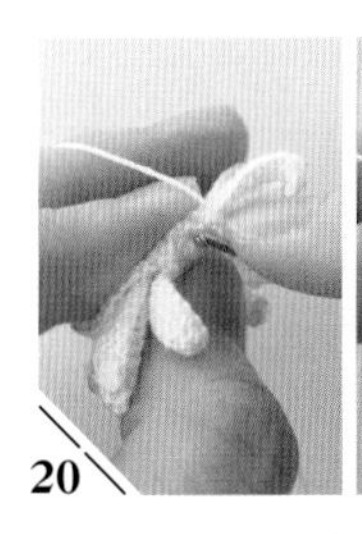

20

在第4圈第1片花瓣立织的相邻针目里插入钩针引拔。

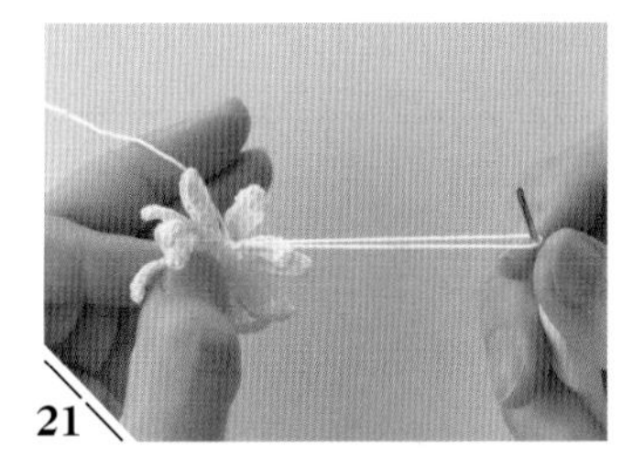

21

留出10cm左右的线头剪断，将线拉出。参照p.48的步骤**15**，在针目里穿几次线后紧贴着针脚剪断。再将编织起点的线头紧贴着针脚剪断。

22

用镊子将花瓣一片一片展开，调整形状。

23

花瓣（上层）完成。参照步骤**1~22**，按编织图解钩织花瓣（下层）和花萼。花萼的编织终点留出30cm左右的线头。

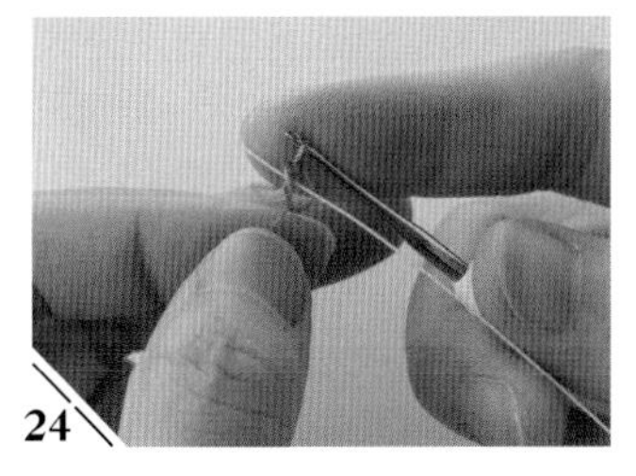

24

制作叶子（小）。将铁丝剪至24cm，参照p.35的步骤**27**，在线结中穿入铁丝后将线拉紧。

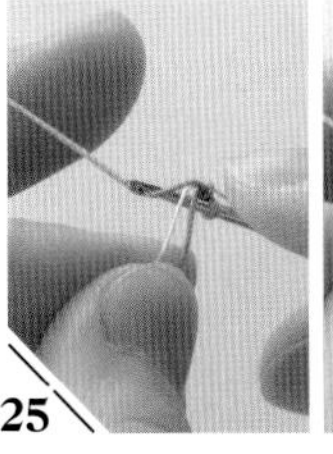
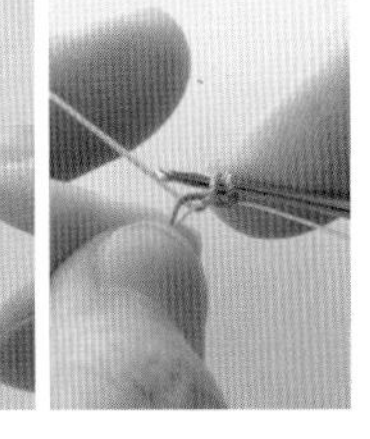

25 将线结移至铁丝的正中间，一起捏住铁丝和编织起点的线头。从铁丝的下方插入钩针，针头挂线，再从铁丝的下方拉出。

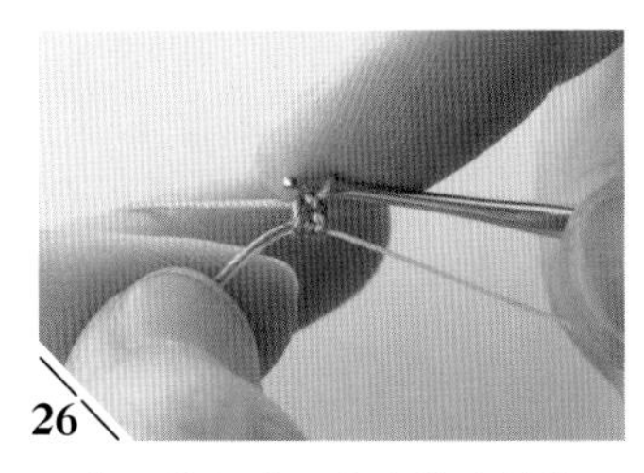

26 直接从铁丝的上方在针头挂线，引拔穿过针上的2个线圈。

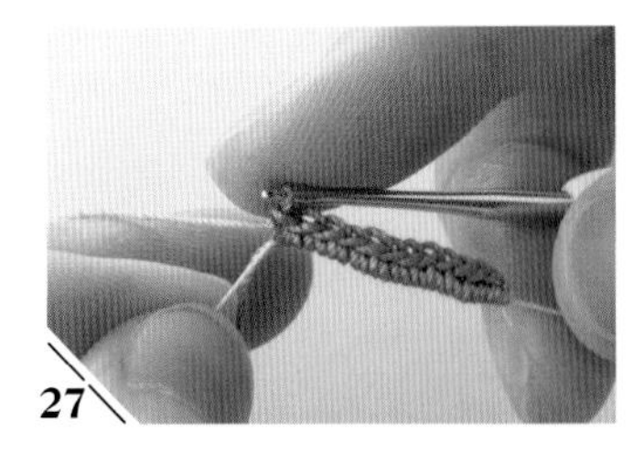

27 用相同方法钩织12针。这就是编织图解中的锁针起针。

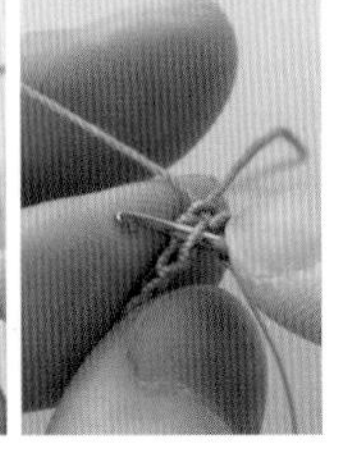

28 拿好钩针不动，逆时针方向水平翻转铁丝。在后面半针里插入钩针，针头挂线引拔。

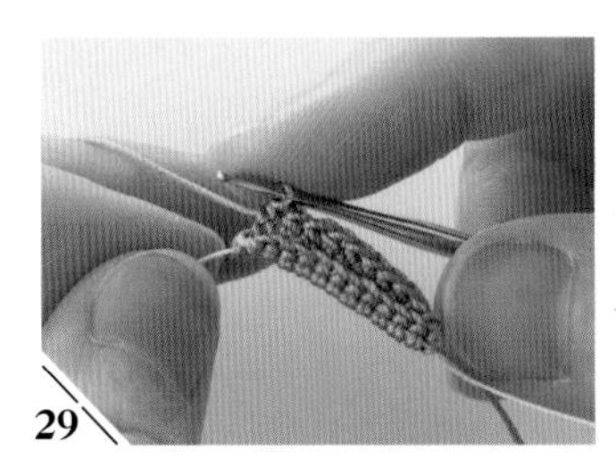

29 在后面半针里插入钩针，按编织图解钩1针短针、8针中长针。

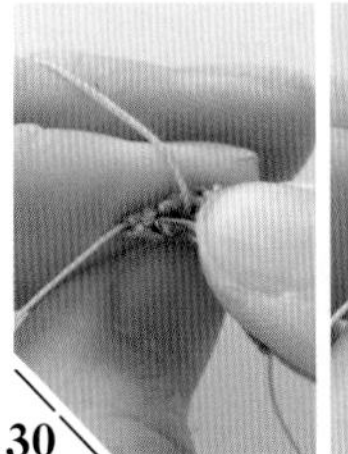
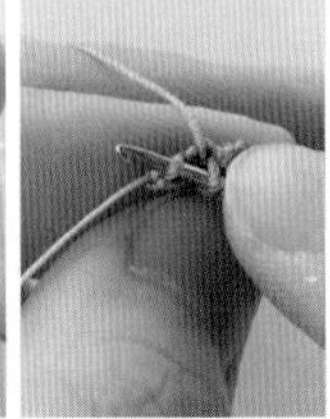

30 在下一针的后面半针里插入钩针，钩1针中长针。

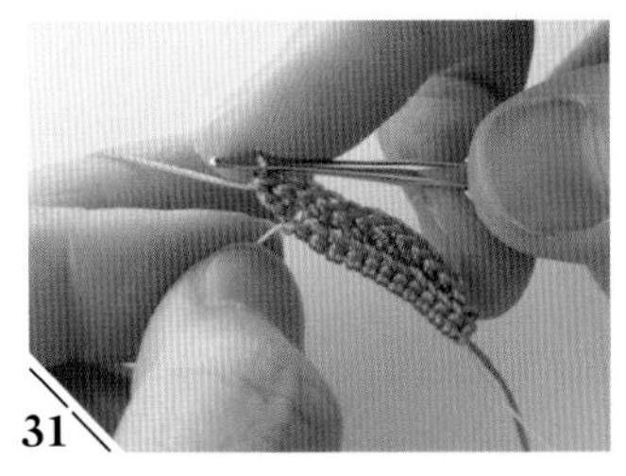

31 在同一个针目里钩1针中长针、1针长针。

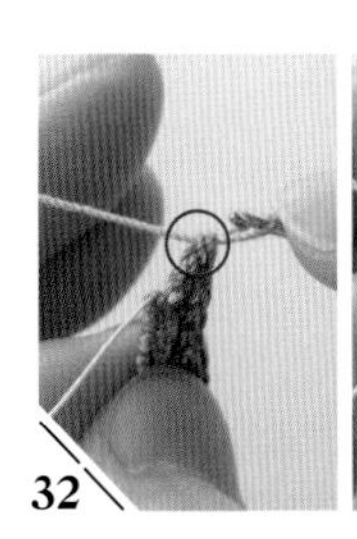

32 钩织图解中的★。在长针根部左端的1根线里（左图的画圈位置）插入钩针。

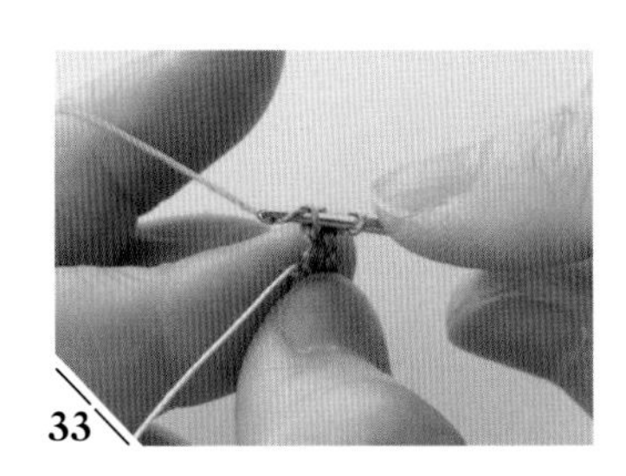

33 针头挂线引拔。

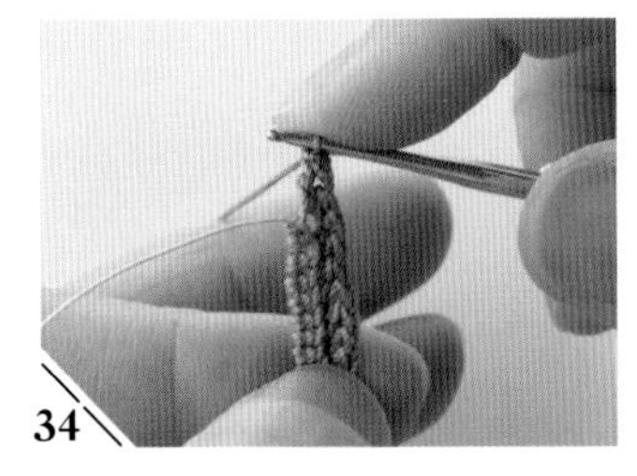

34 ★的针目完成。叶子的顶端呈现尖尖的形状。

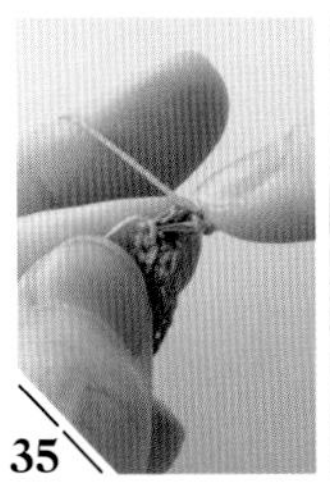

35 将已织部分移至铁丝的正中间，再将铁丝对折后拿好。针头挂线，在剩下的前面半针里插入钩针。

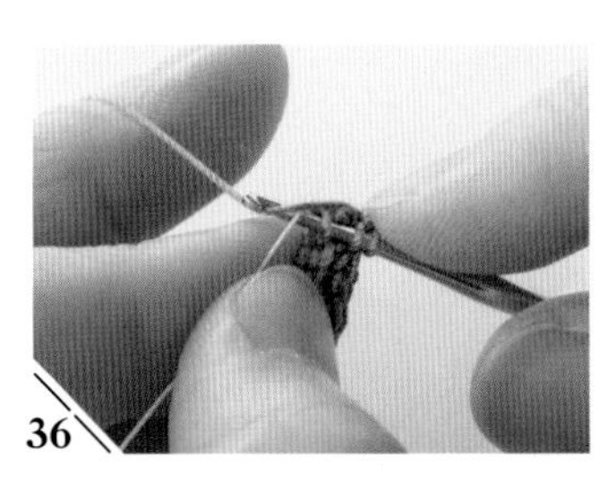

36 再从铁丝的下方插入钩针，针头挂线。从铁丝的下方将线拉出，钩1针长针。

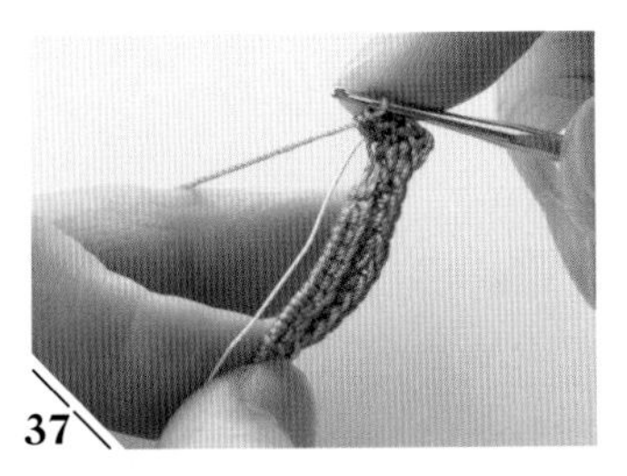

在同一个针目里钩2针中长针。

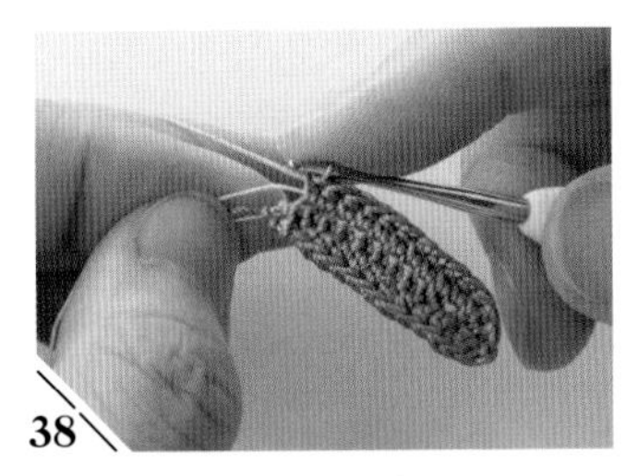

接着在前面半针里插入钩针，按编织图解钩9针中长针、1针短针。

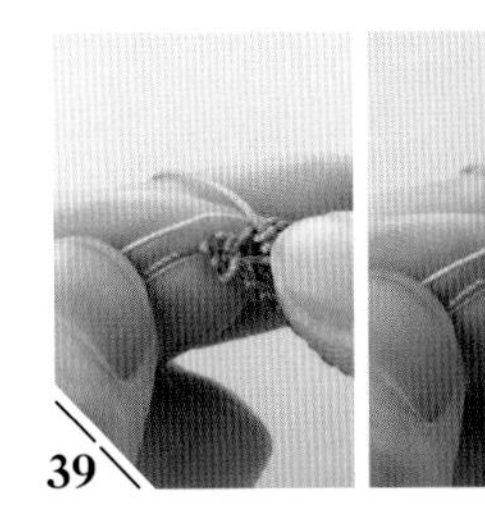

在剩下的前面半针里插入钩针。

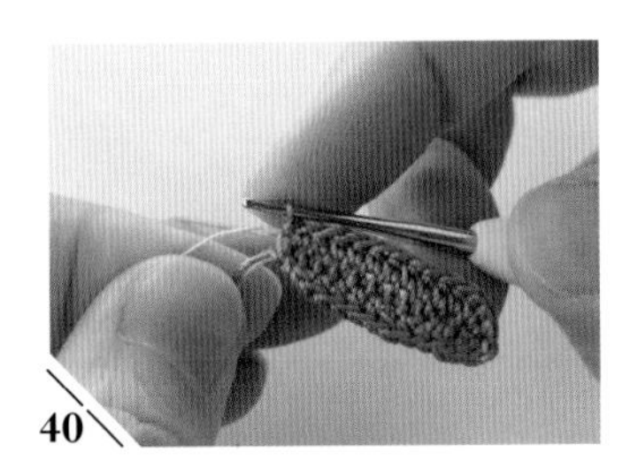

针头挂线引拔。

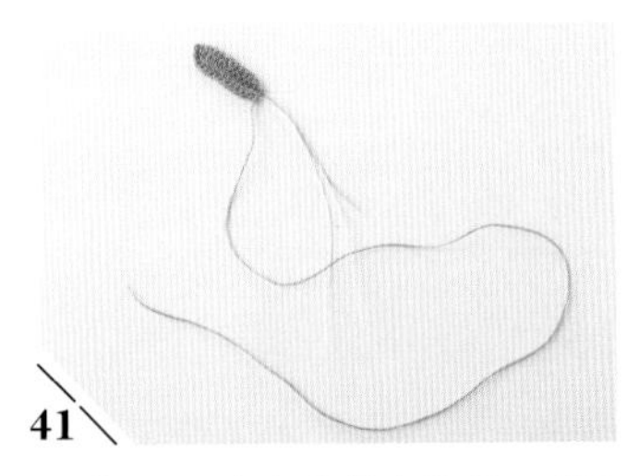

留出30cm左右的线头剪断。叶子（小）就完成了。用相同方法，3种叶子分别钩织2片。再分别上色后晾干。

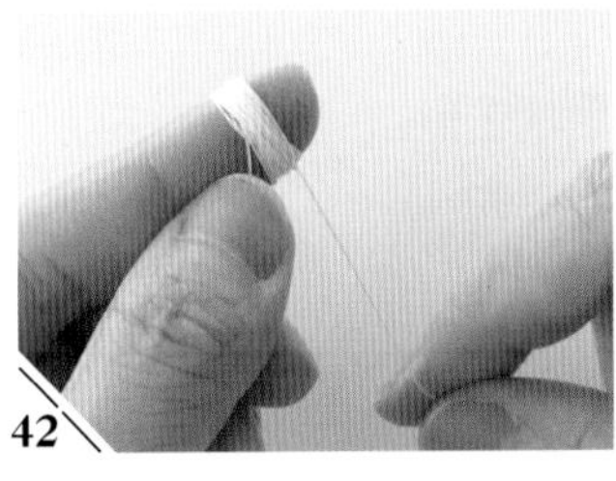

制作花芯。将编织线在手指上缠绕70圈左右。

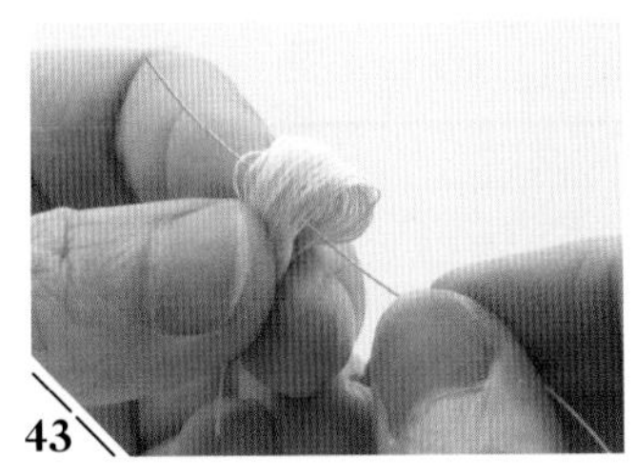

从手指上慢慢取下线圈，将铁丝剪至24cm穿入线圈。

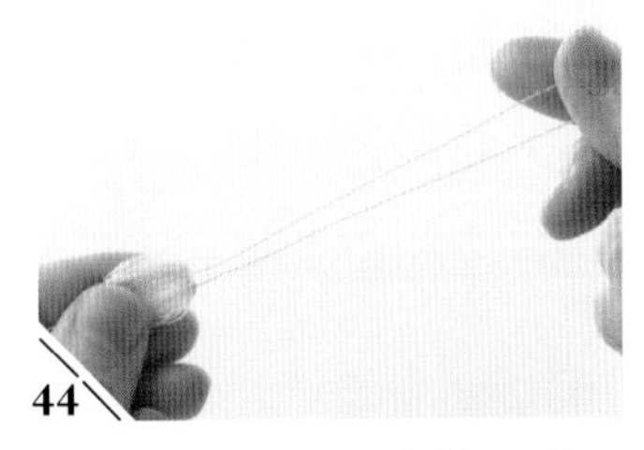

穿至铁丝的正中间后把铁丝对折。

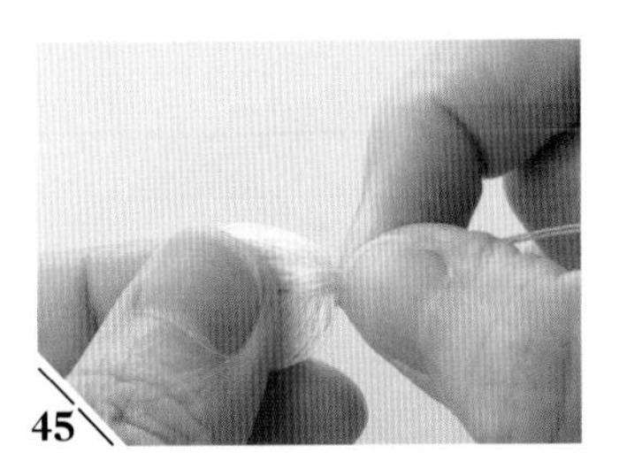

用手指捏住铁丝的对折处，压紧。

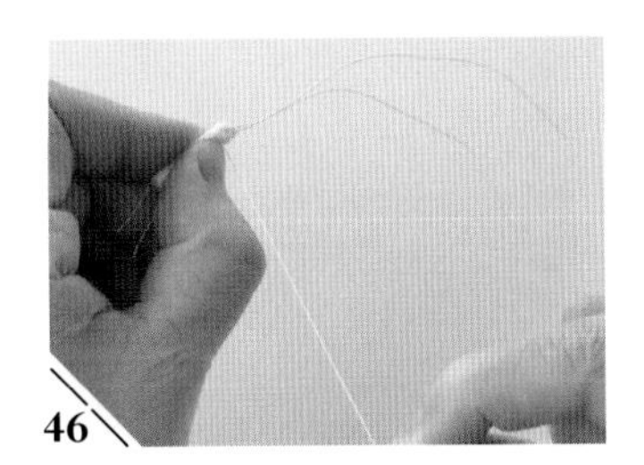

另剪1根10cm长的线，在距离线圈根部5mm左右的位置缠绕2圈或3圈。

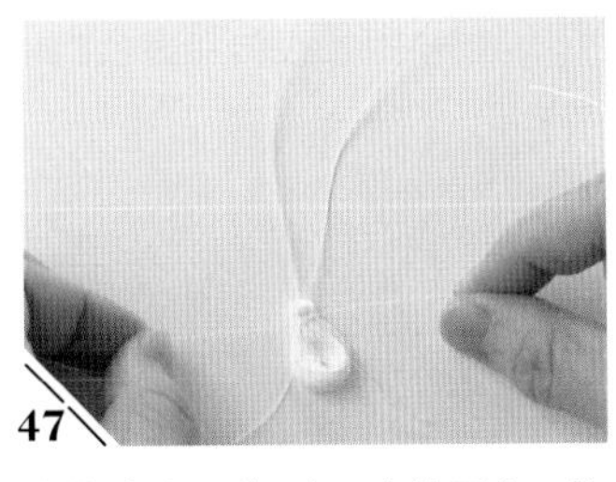

拿住线的两端，打2次结固定。将剩下的线头与线圈并在一起。

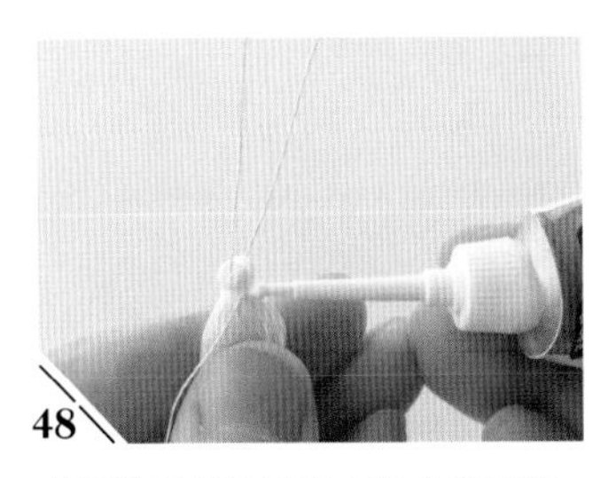

在线结及其周围涂上黏合剂固定。

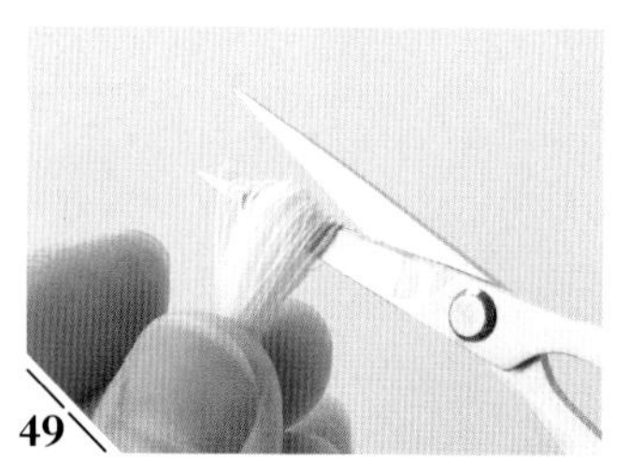

用剪刀剪开线圈，呈流苏状。

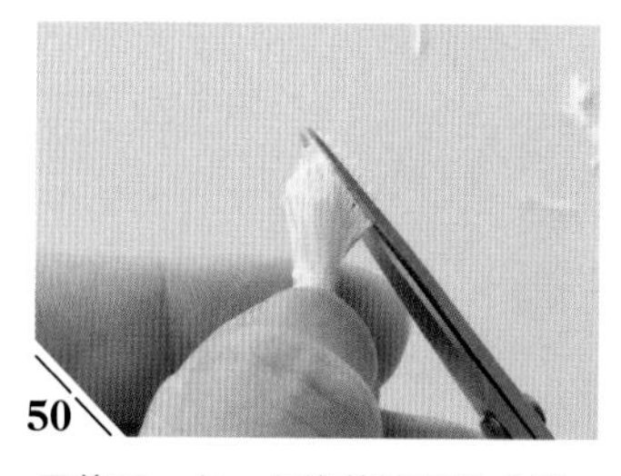

用剪刀一点一点修剪流苏的末端。一边转动，一边修剪出弧度。

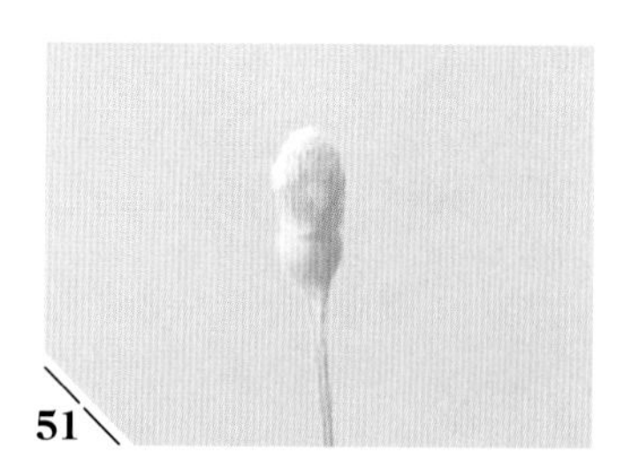

修剪完成后的状态。

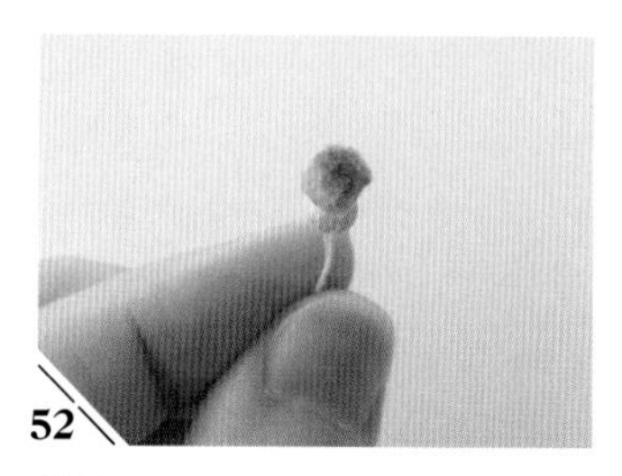

整体染上灰色，再在中间的顶端染上紫色。

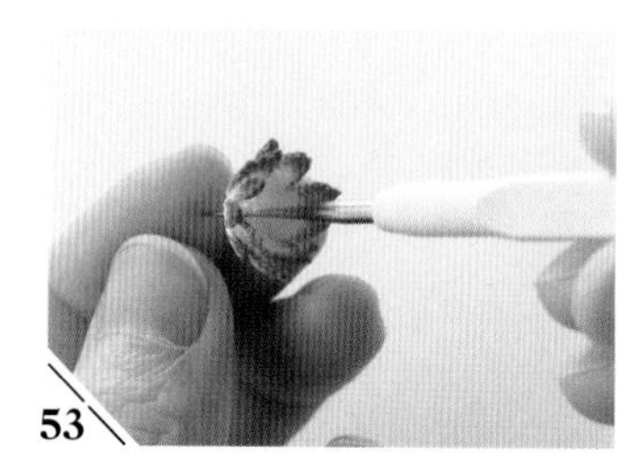

给花瓣染上浅黄色和红色，给花萼染上黄绿色，晾干。分别用锥子将中心戳大一点。

将纸巾铺在烫花垫上，再将花瓣（上层）反面朝上放好，用铃兰镘烫头（大号）一边转动一边按压，调整形状。花瓣（下层）和花萼也用相同方法处理。

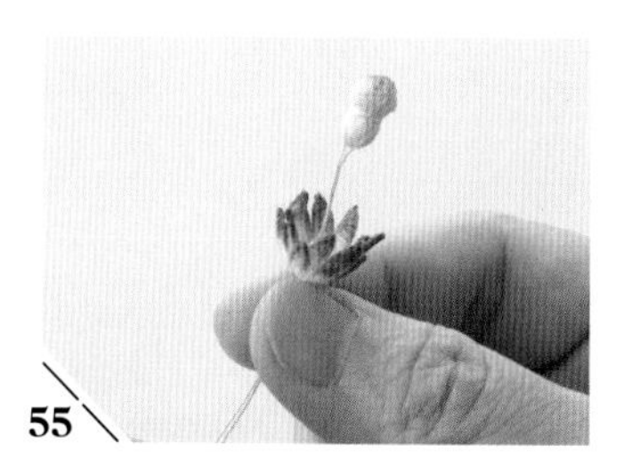

在花瓣（上层）的中心穿入花芯的铁丝。

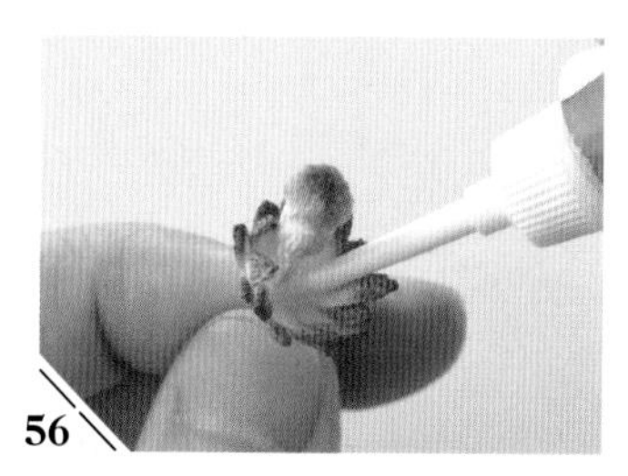

在花瓣（上层）的中心涂上黏合剂。

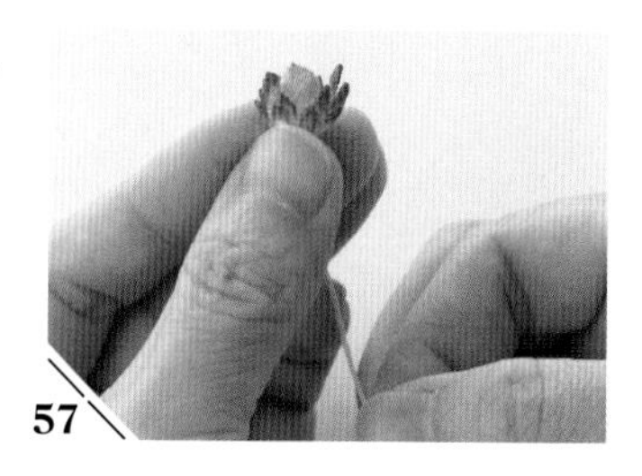

拉动铁丝，将花芯的根部与花瓣（上层）粘贴。

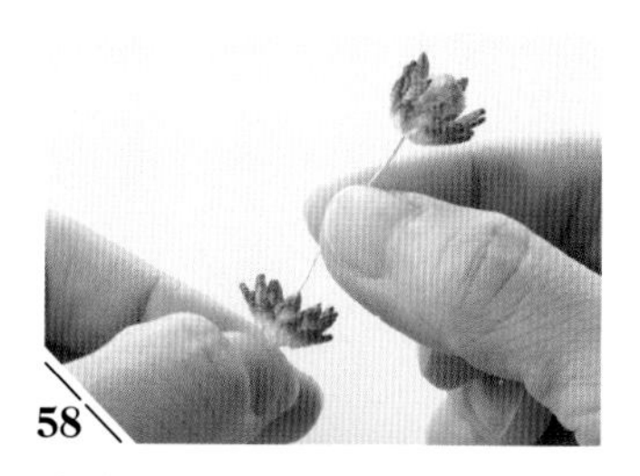

在花瓣（下层）的中心穿入花芯的铁丝，在中心涂上黏合剂，与花瓣（上层）重叠粘贴。

再用相同方法将花芯的铁丝穿入花萼，在中心涂上黏合剂，与花瓣（下层）重叠粘贴。

用手指轻轻地按压整朵花，调整成球形。

61 在铁丝的根部涂上黏合剂，用花萼的线缠上5mm左右。

62 分别在叶子的根部涂上黏合剂，缠上5mm左右的线备用。对齐缠线终点位置，与叶子（小）组合在一起。

63 在铁丝的根部涂上黏合剂，用花萼的线缠上2~3mm。

64 用相同方法组合剩下的叶子（小）。在铁丝的根部涂上黏合剂，用花萼的线缠上2~3mm。

65 确认合适的位置加入叶子（中）。在铁丝的根部涂上黏合剂，用花萼的线缠上2~3mm。

66 再用相同方法与剩下的1片叶子（中）、2片叶子（大）组合，用花萼的线缠绕。

67 一边在铁丝上涂上黏合剂，一边用剩下的线缠绕3cm左右。

68 给茎部染上黄绿色和橄榄绿色，再喷上定型喷雾剂晾干。

69 在缠线终点位置的表面涂上黏合剂固定。晾干后斜着剪断茎部，再在切口处涂上黏合剂晾干。

70 完成。

倒挂金钟

向下开放的倒挂金钟，
也被称为“贵妇人的耳环”，
展现了别具一格的形态和鲜艳的颜色。
用铁丝和刺绣线制作的雌蕊和雄蕊也是一大亮点。
花瓣A中用到的“Y字针”
请参照p.27钩织。

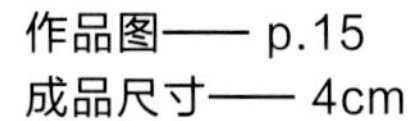

作品图—— p.15
成品尺寸—— 4cm
花的直径—— 2cm
叶子的长度——（大）1.3cm,（小）1cm
上色——将花瓣B染成玫粉色，
叶子先染成黄绿色，再染上橄榄绿色

材料

DMC Cordonnet Special（BLANC 80号）
纸包花艺铁丝（白色 35号）
手工艺专用铁丝
刺绣线 DMC 601（深粉色）、DMC 470（黄绿色）

编织图解

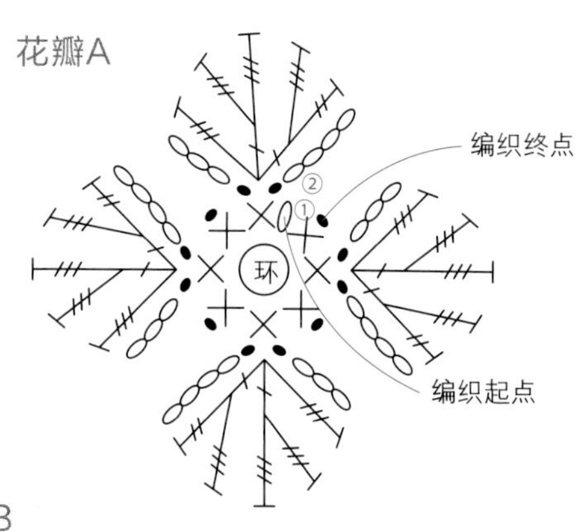

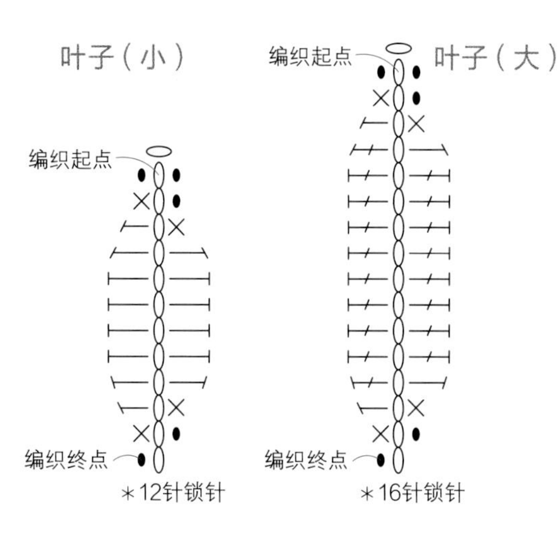

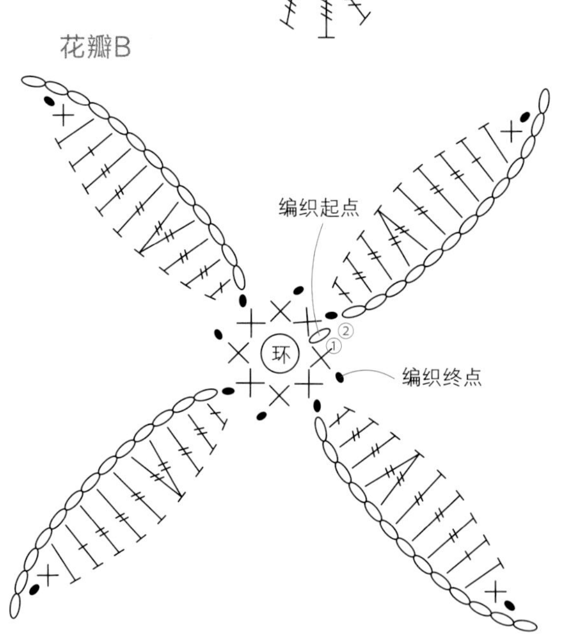

制作方法

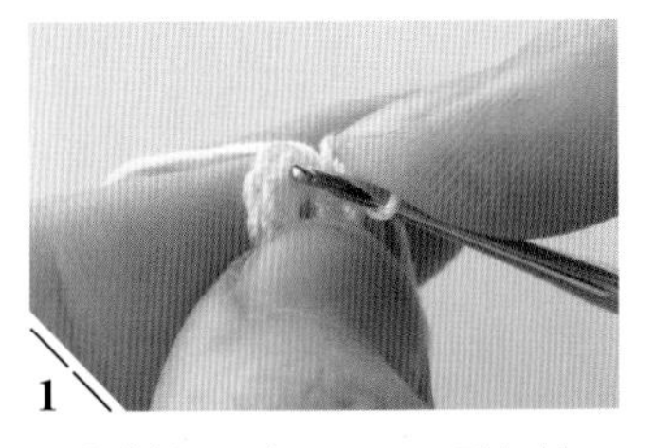

1

制作花瓣A。参照p.23环形起针，钩8针短针后收紧线环。在第1圈短针的头部2根线里插入钩针。

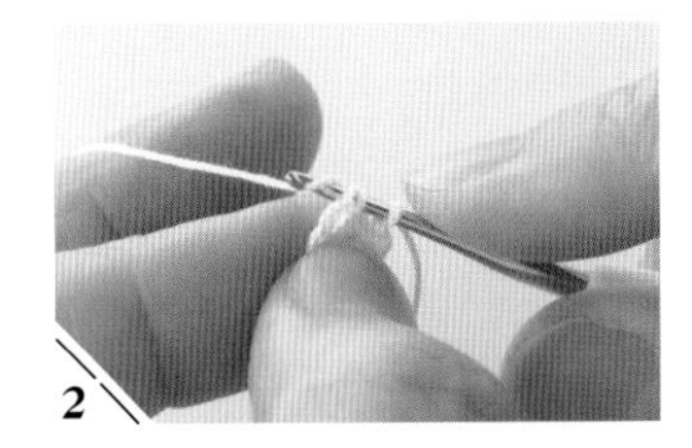

2

针头挂线引拔。第1圈完成。

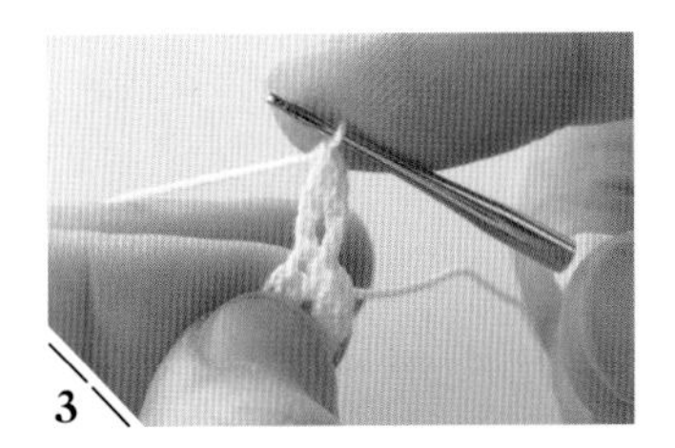

3

接着钩织第2圈。钩4针锁针、1针3卷长针。

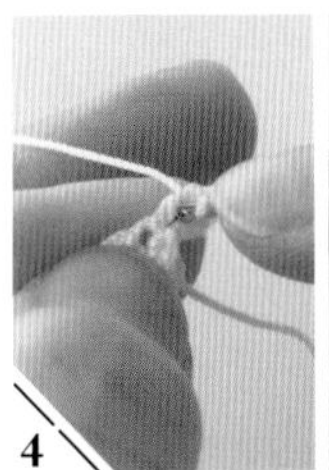
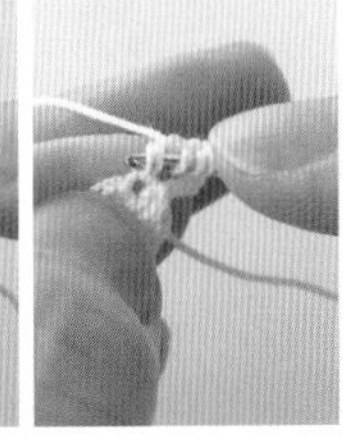

4

在针头绕3次线，在前一针3卷长针的根部2根线里插入钩针。

5

挂线后拉出，依次引拔穿过2个线圈，钩1针3卷长针。

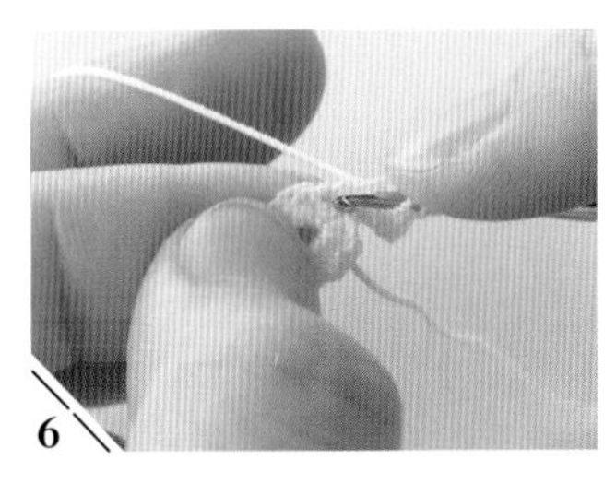

6

接着在针头绕4次线，钩1针4卷长针。

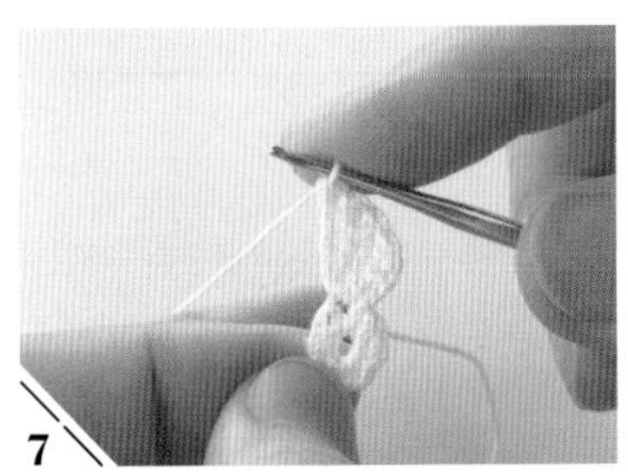

7

在针头绕3次线，在前一针4卷长针的根部2根线里插入钩针，钩1针3卷长针。

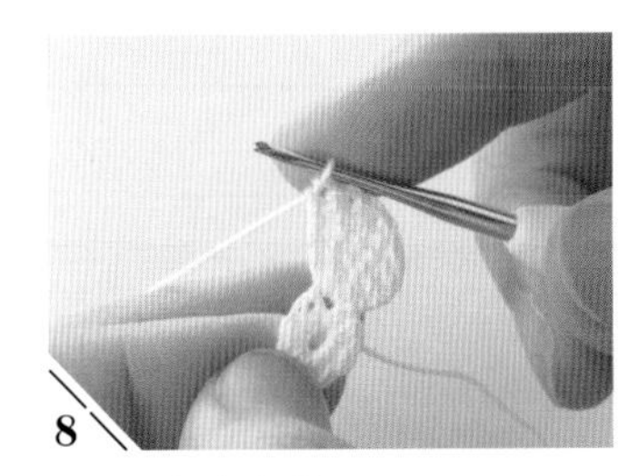

8

再钩1针3卷长针。

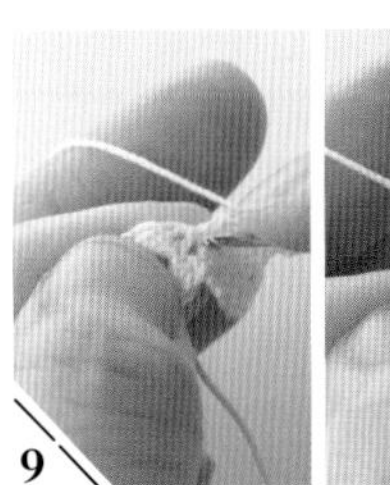
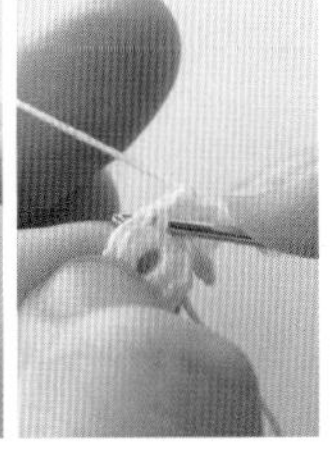

9

钩3针锁针，在同一个针目里插入钩针，针头挂线引拔。

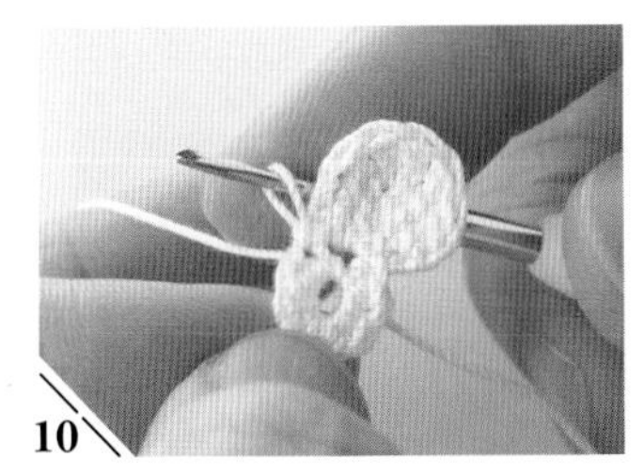

10

在下一针短针的头部2根线里插入钩针，针头挂线引拔。1片花瓣完成。

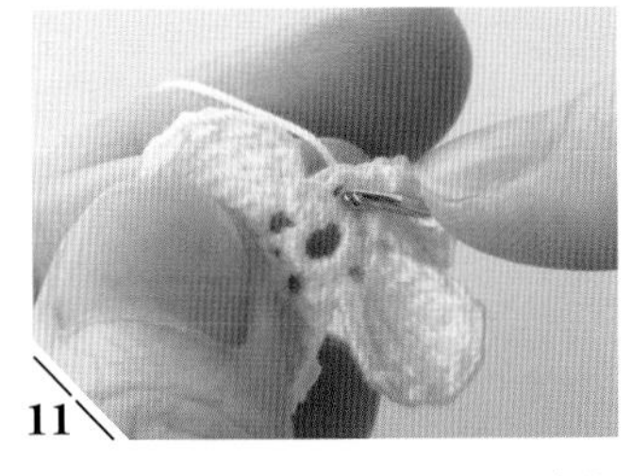

11

剩下的3片花瓣也用相同方法钩织，最后在剩下的短针头部1根线里引拔。

12

花瓣A完成后的状态。

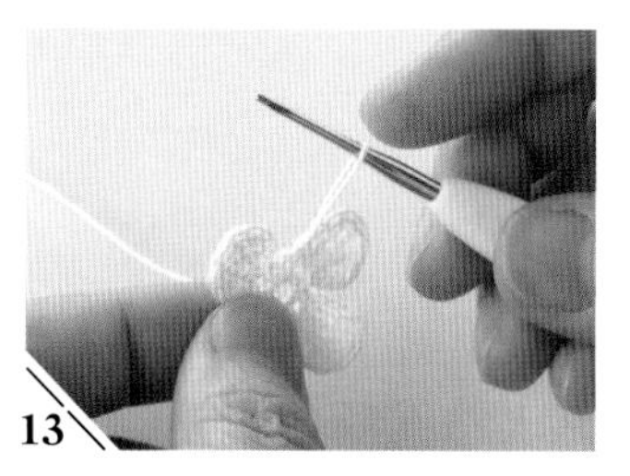

13 编织终点留出15cm左右的线头剪断，将线拉出。

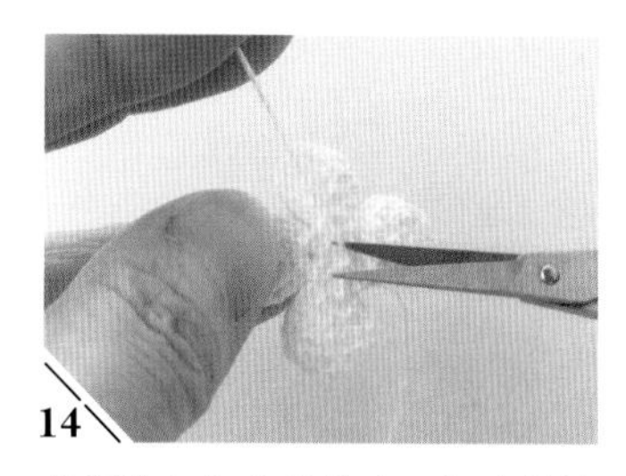

14 拉紧编织起点的线头，紧贴着针脚剪断。

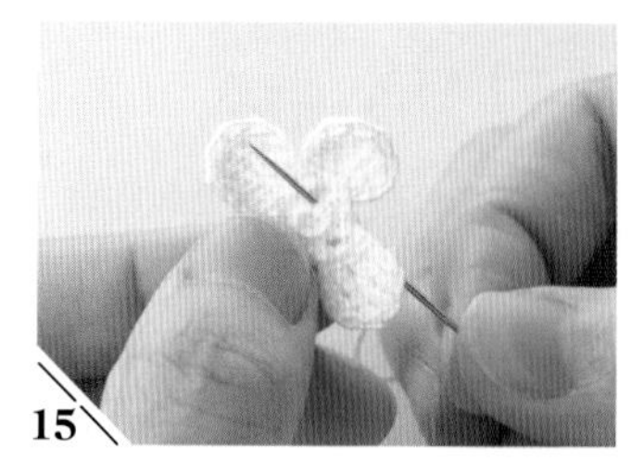

15 将编织终点的线头穿入缝针，再将线头穿至反面，在针目里穿几次线后紧贴着针脚剪断。

16 花瓣A完成。用相同方法再钩织1片。

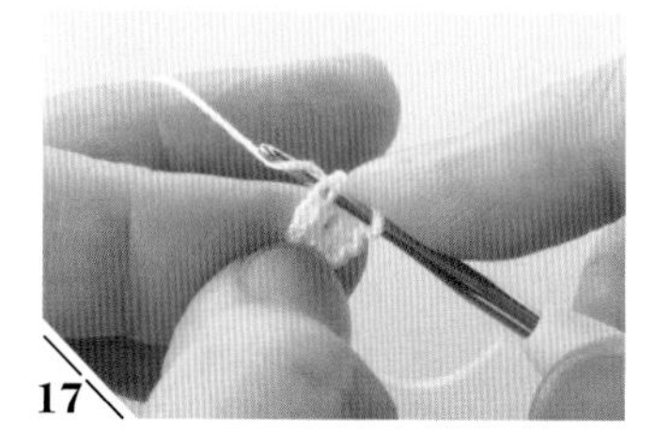

17 制作花瓣B。参照p.23环形起针，钩8针短针后收紧线环。在第1圈短针的头部2根线里插入钩针，针头挂线引拔。

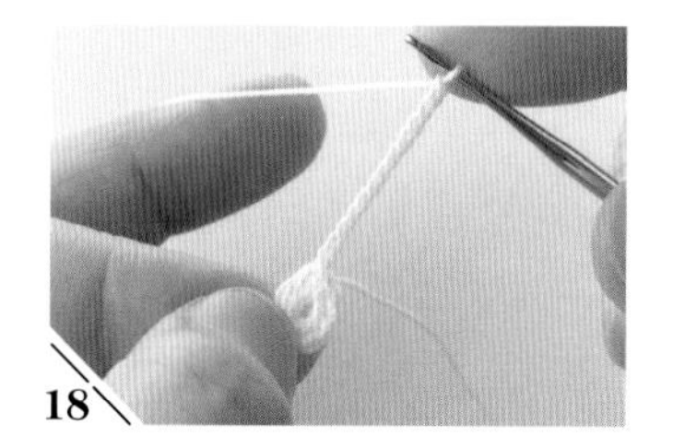

18 钩13针锁针。

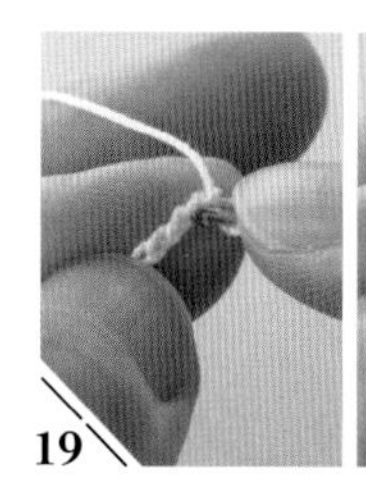

19 在左侧相邻锁针的半针和里山里插入钩针。

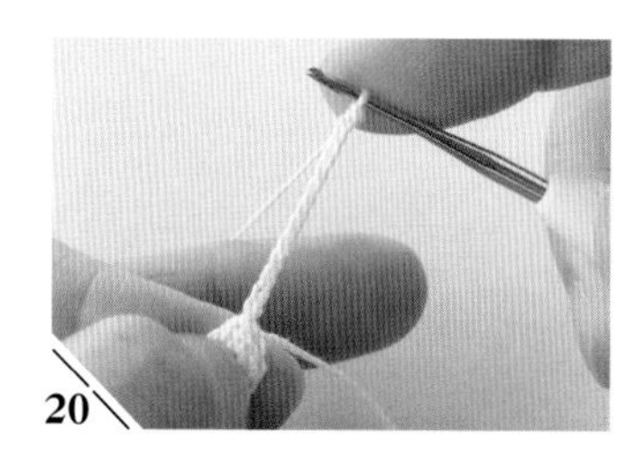

20 针头挂线引拔。

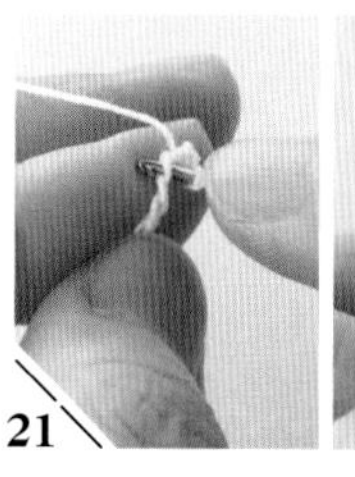

21 在锁针的半针里插入钩针，钩1针短针。

22 在锁针的半针里插入钩针，按编织图解钩1针中长针、1针长针、3针长长针。

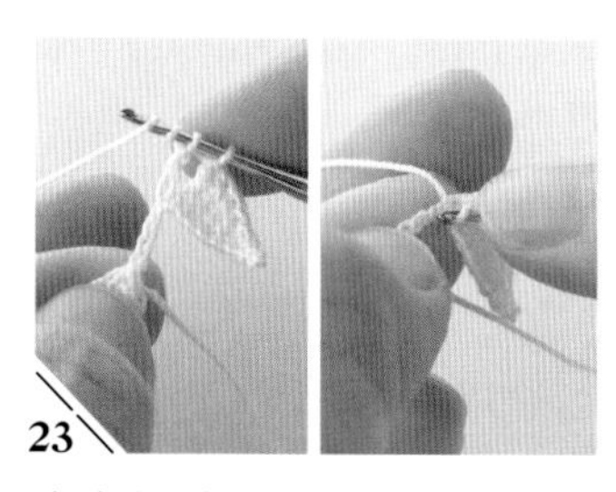

23 在锁针的半针里插入钩针，钩1针长长针。不要做最后的引拔操作。

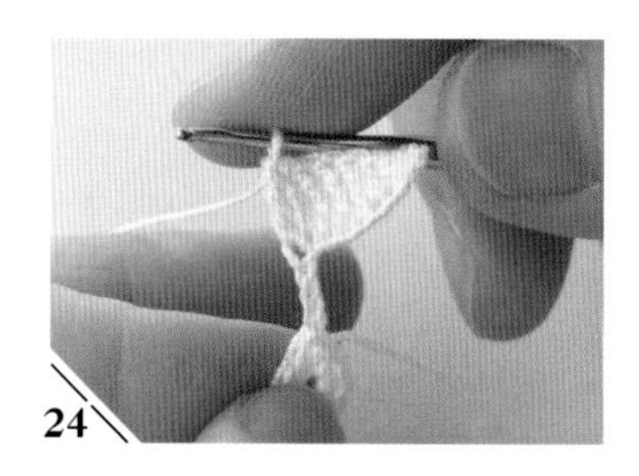

24 在相邻锁针的半针里插入钩针，再钩1针长长针，一次性引拔。这样，前一行的2针并作了1针。

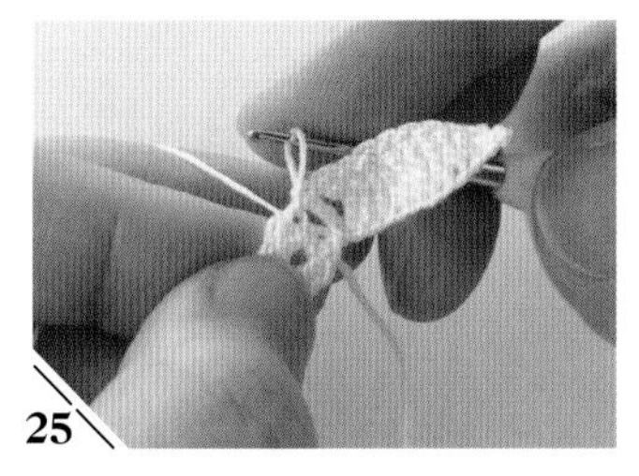

25 在锁针的半针里插入钩针，按编织图解钩2针长长针、1针长针。

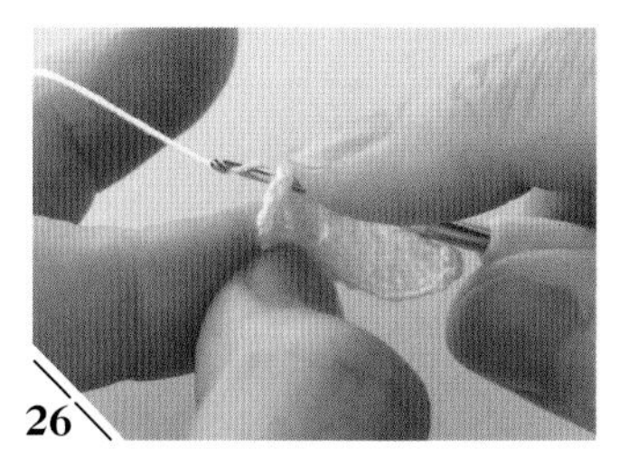

26 在下一针短针的头部2根线里插入钩针，针头挂线引拔。

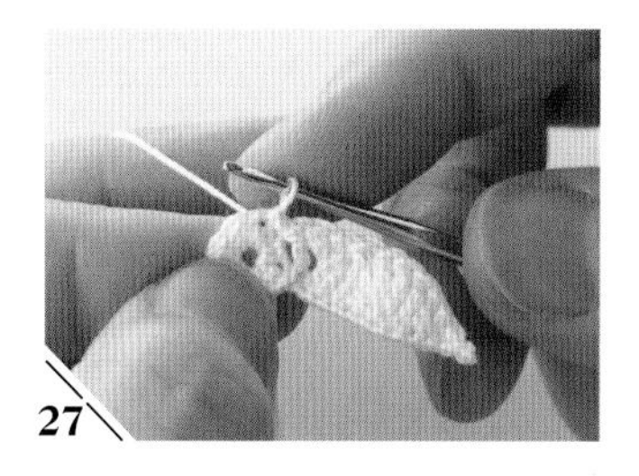

27 1片花瓣完成。剩下的3片花瓣也用相同方法钩织。

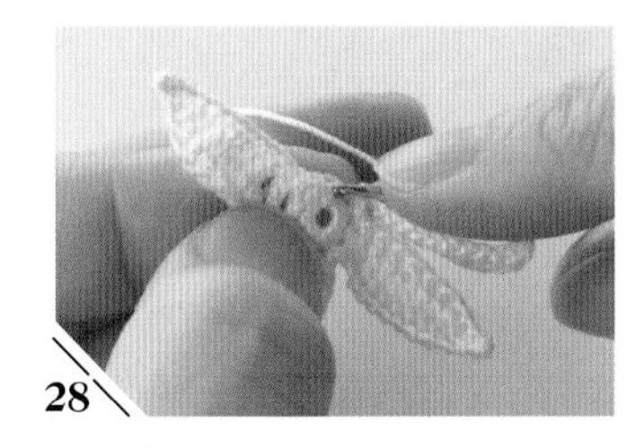

28 最后在剩下的短针头部1根线里引拔。

29 参照p.48的步骤**13~15**，处理线头。花瓣B完成。用相同方法再钩织1片。染成玫粉色，调整形状后喷上定型喷雾剂。

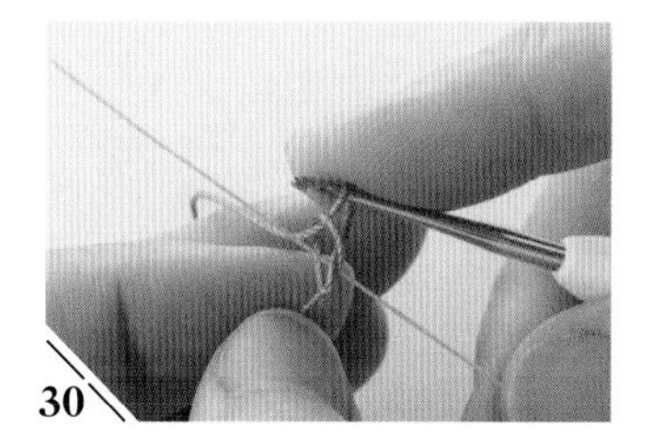

30 制作叶子（小）。将铁丝剪至24cm，参照p.35的步骤**27**，在线结中穿入铁丝后将线拉紧。

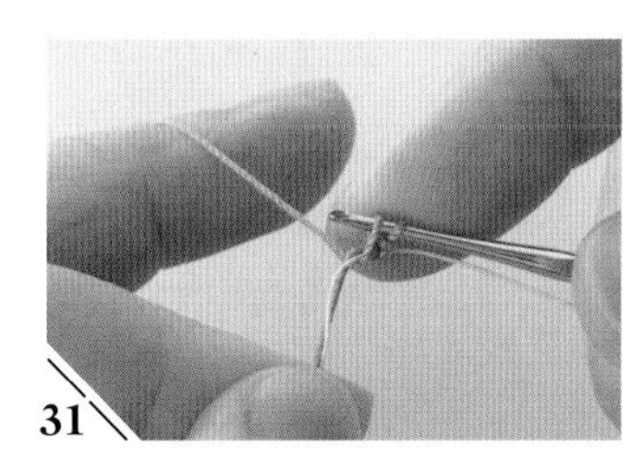

31 将线结移至铁丝的中心后，一起捏住铁丝和编织起点的线头。从铁丝的下方插入钩针，针头挂线，再从铁丝的下方拉出。

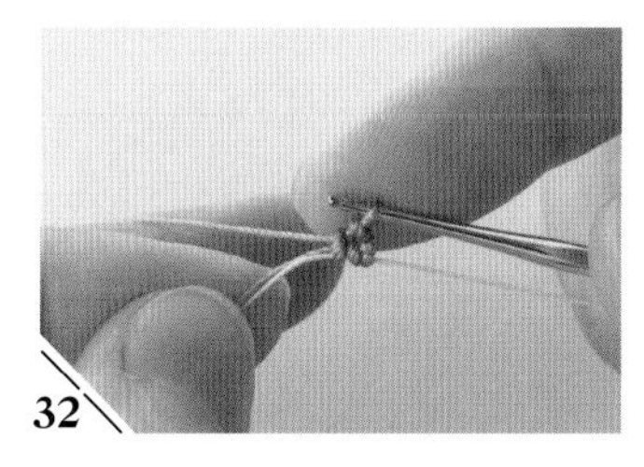

32 直接从铁丝的上方在针头挂线，引拔穿过针上的2个线圈。

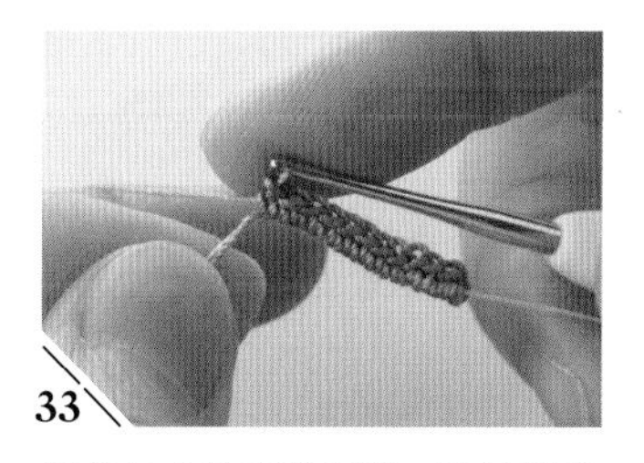

33 用相同方法再钩11针。这就是编织图解中的锁针起针。

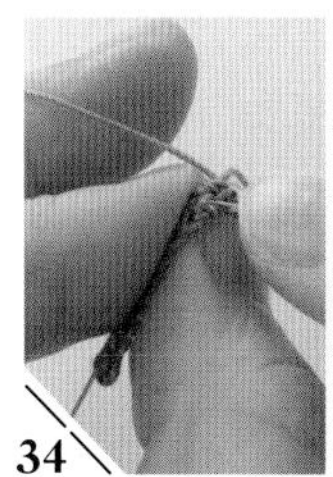

34 拿好钩针不动，逆时针方向水平翻转铁丝。在后面半针里插入钩针，针头挂线引拔。

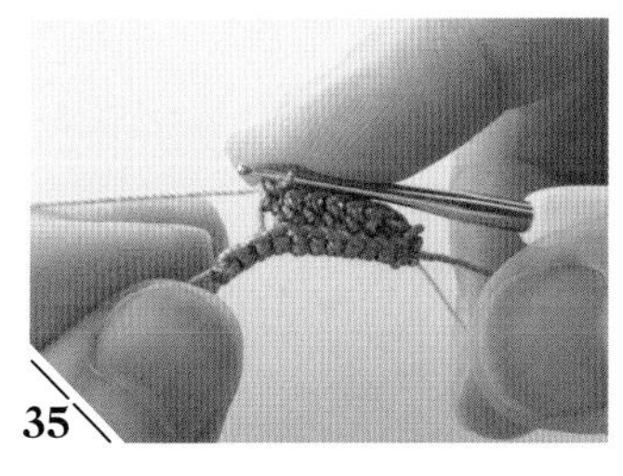

35 在后面半针里插入钩针，按编织图解钩1针短针、6针中长针、1针短针。

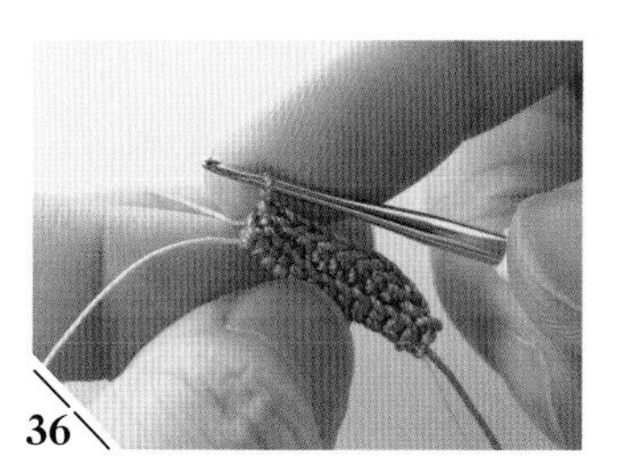

36 接着在后面半针里插入钩针，钩2针引拔针。

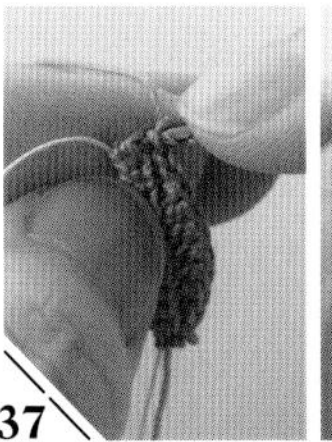

37 钩1针锁针，在锁针下方的1根线（引拔针的上半针）以及锁针起针剩下的半针里插入钩针。

38 针头挂线，一次性引拔。

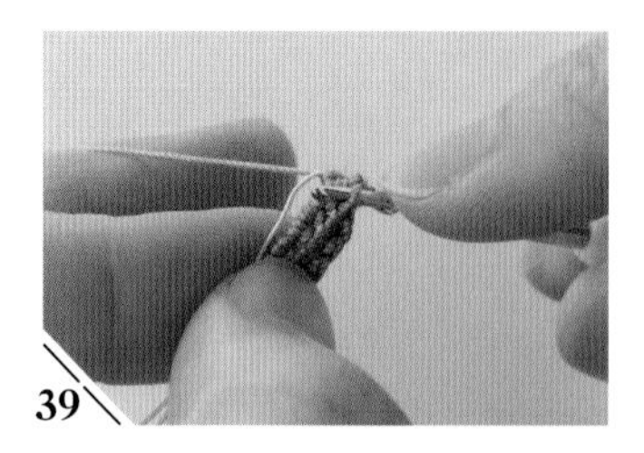

39 将已织部分移至铁丝的正中间，再将铁丝对折后拿好，在剩下的前面半针里插入钩针。

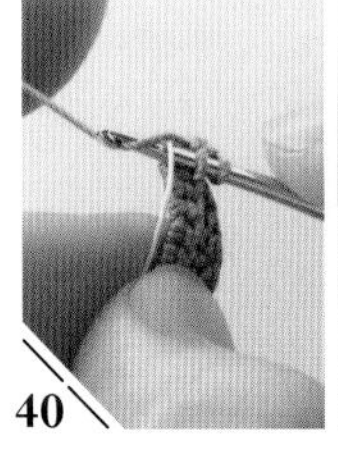

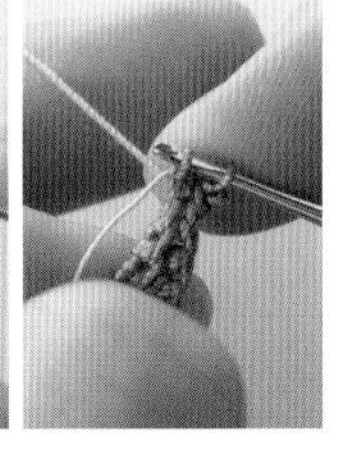

40 再从铁丝的下方插入钩针，针头挂线。从铁丝的下方将线拉出，钩1针短针。

41 在前面半针里插入钩针，按编织图解钩8针中长针、1针短针。

42 在剩下的前面半针里插入钩针，针头挂线引拔。

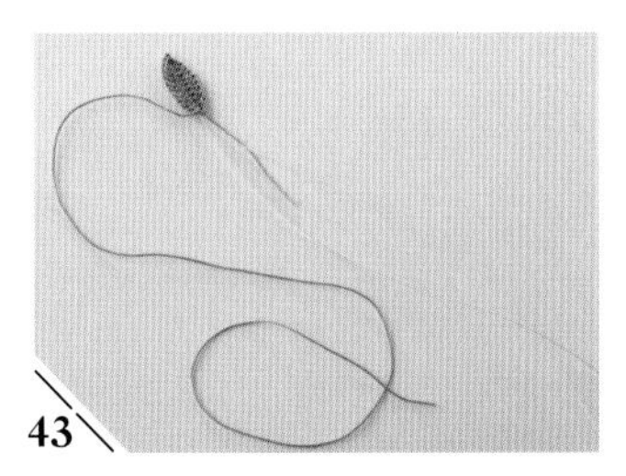

43 留出30cm左右的线头剪断。叶子（小）就完成了。用相同方法钩织叶子（大），2种叶子分别钩织2片。再分别上色，晾干备用。

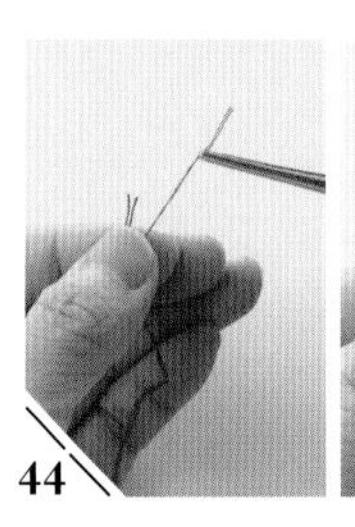

44 制作雄蕊。从刺绣线（DMC 601）中抽出1根线，再一股一股地分开。

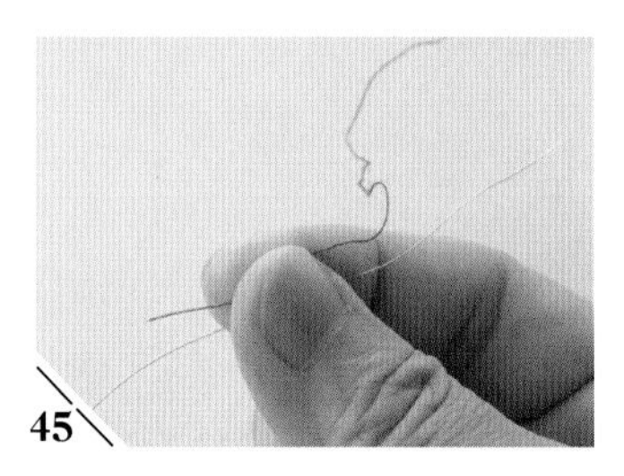

45 在手工艺专用铁丝的右端留出5cm左右，一起捏住铁丝和刺绣线。

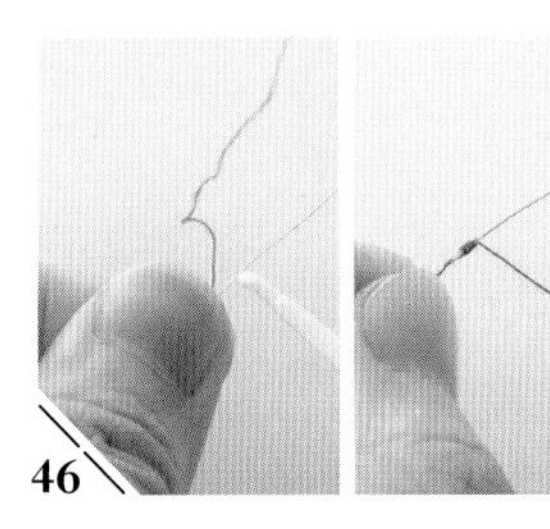

46 涂上黏合剂，开始缠线。一开始的2mm左右来回缠线，缠出圆鼓鼓的形状。

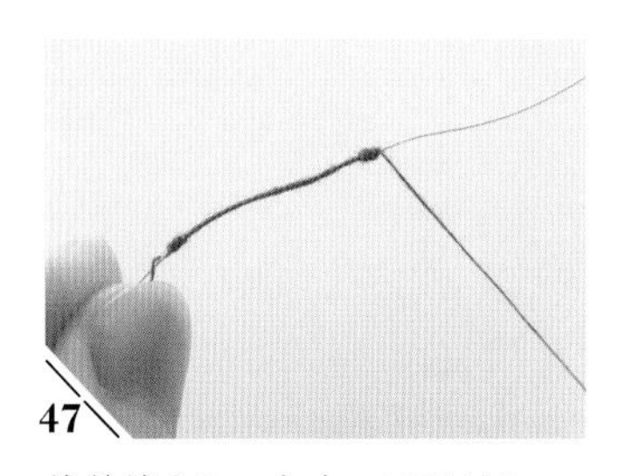

47 接着缠上2cm左右，最后的2mm左右也来回缠线，缠出圆鼓鼓的形状。

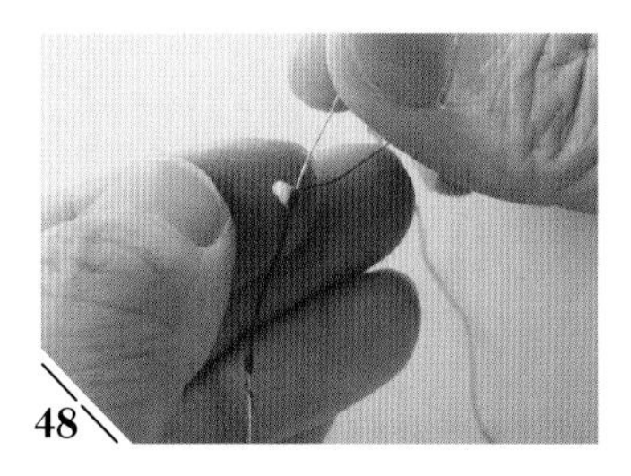

48 在食指上滴一点黏合剂，薄薄地涂在缠线终点处固定线头。

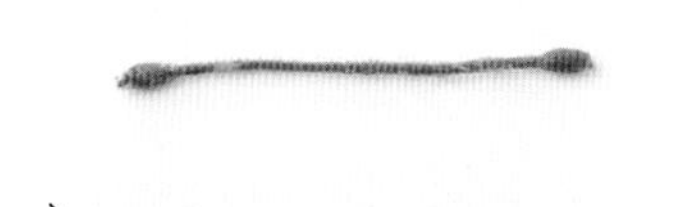

49

剪断缠线起点及终点的铁丝和线头，1根雄蕊就完成了。用相同方法一共制作5根雄蕊。

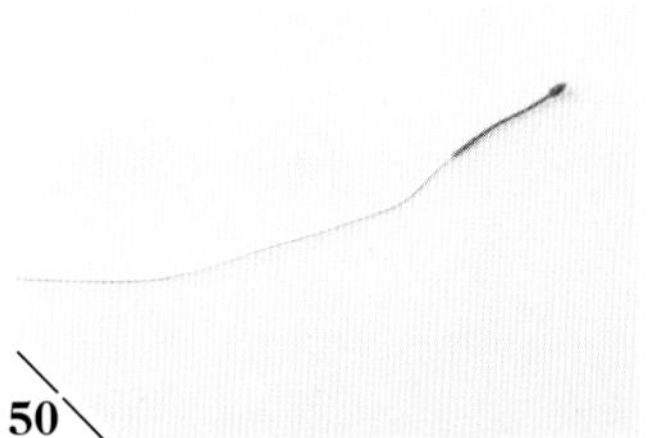

50

制作雌蕊。参照p.50的步骤**44~46**，在手工艺专用铁丝上缠绕刺绣线。一开始的3mm左右来回缠几次线，接着缠上1.5cm左右。

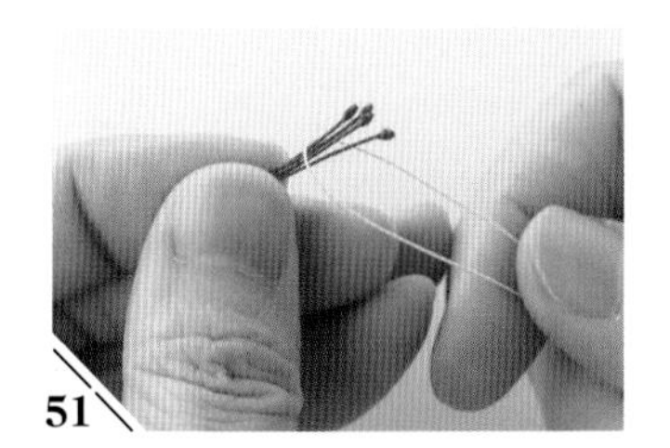

51

组合。将纸包花艺铁丝剪至20cm，在中心对折，夹住5根雄蕊。

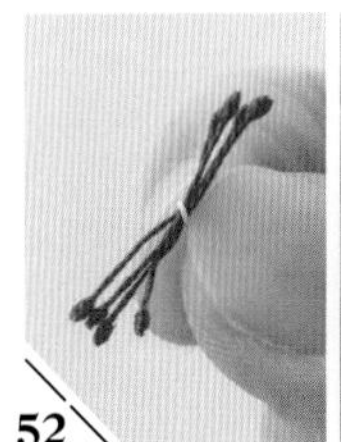

52

用手指压紧对折后的铁丝根部，再将雄蕊对折。

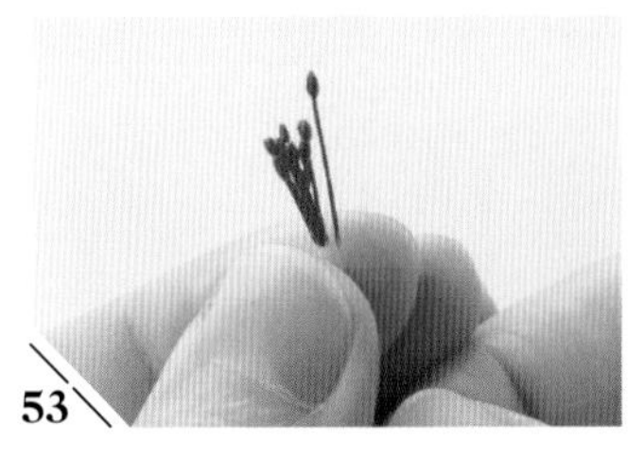

53

对齐刺绣线的缠线终点位置，将1束雄蕊与雌蕊并在一起，使雌蕊高出5mm左右。用相同方法再制作1组雄蕊和雌蕊。

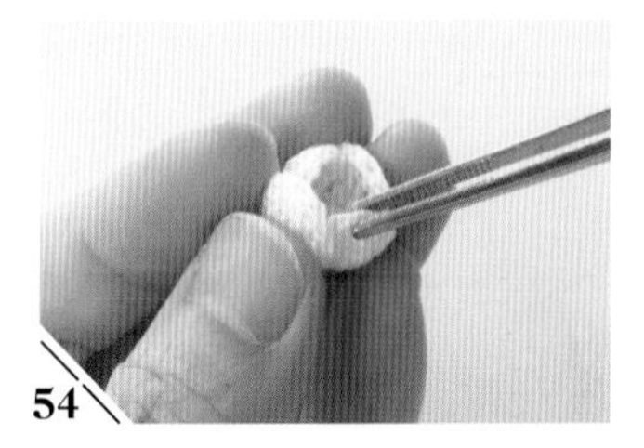

54

将花瓣A浸湿，正面朝外收拢，调整成球形。

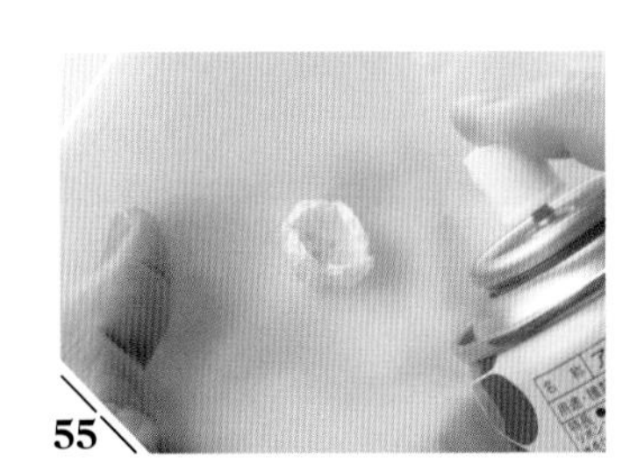

55

喷上定型喷雾剂后晾干。

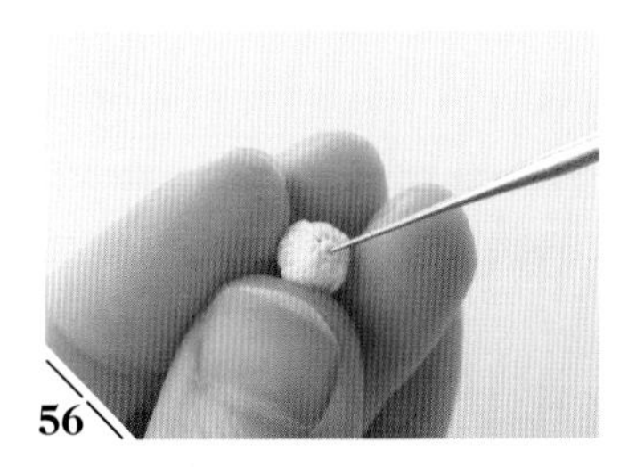

56

在花瓣A的中心插入锥子，戳出小孔。

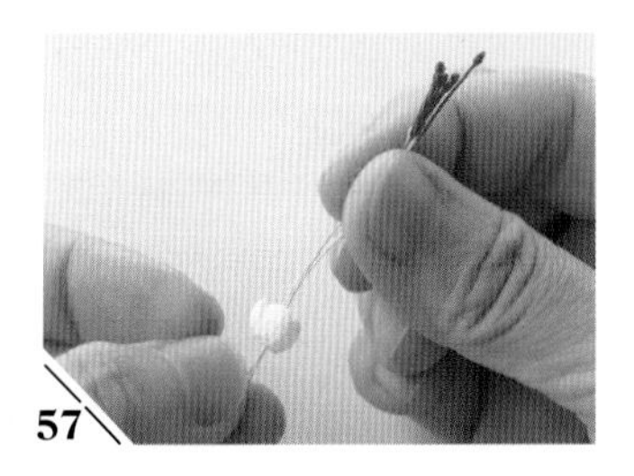

57

将雄蕊和雌蕊组合后的铁丝穿入花瓣A的中心。

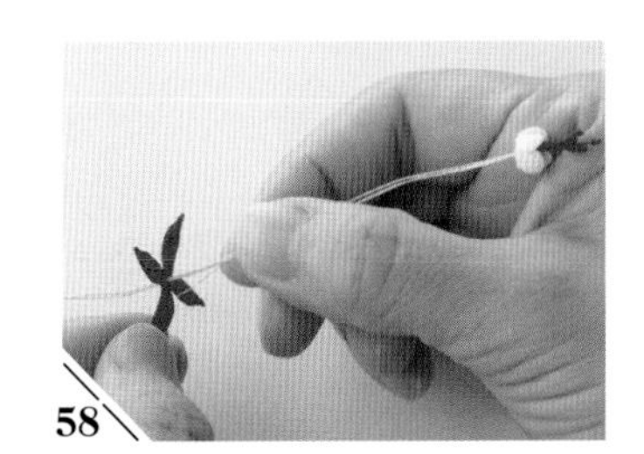

58

再将铁丝穿入花瓣B的中心。

59

在花瓣B的中心以及花瓣的根部涂上黏合剂。

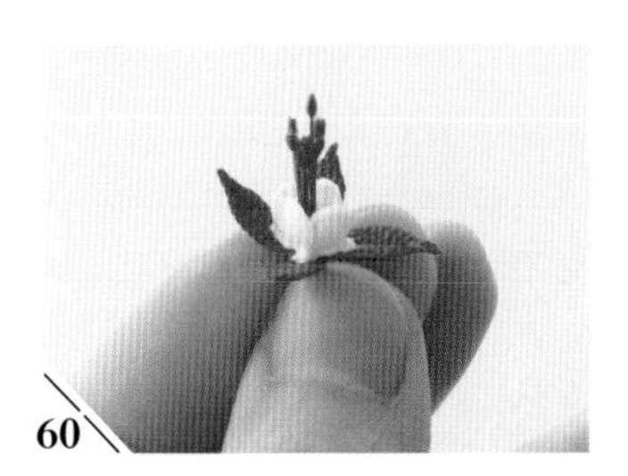

60

一边用手指按压一边拉住铁丝，粘贴花瓣B。

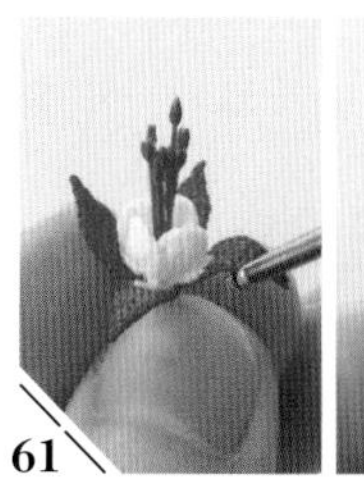

61 用镊子展开花瓣B，调整成微卷的形状。再调整一下雄蕊和雌蕊的位置。

62 在雄蕊和雌蕊的根部涂上黏合剂。

63 抽出1根刺绣线（DMC 601），如图所示与铁丝并在一起捏住。

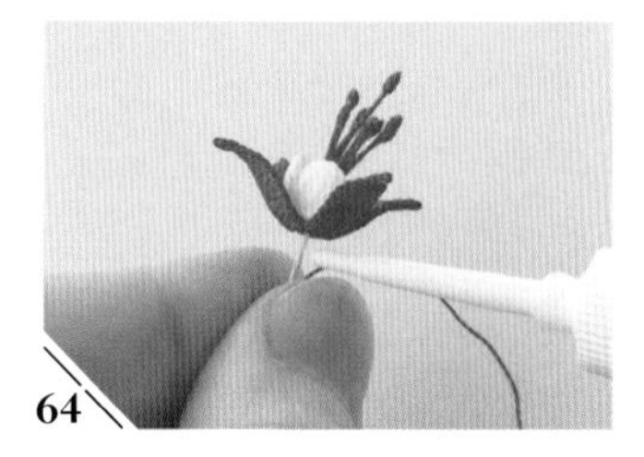

64 在铁丝的根部涂上黏合剂。

65 在根部的3~4mm位置来回缠几次线，缠出圆鼓鼓的形状。

66 抽出1根刺绣线（DMC 470），如图所示与铁丝并在一起捏住。

67 在铁丝的根部涂上黏合剂，与步骤**65**一样在根部的1~2mm位置来回缠几次线，缠出圆鼓鼓的形状。

68 保留黄绿色的刺绣线和1根铁丝，将其余的刺绣线和铁丝剪断。接着一边涂上黏合剂，一边在铁丝上缠绕1cm左右的刺绣线。

69 用相同方法再组合1朵花。对齐缠线终点位置将2朵花并在一起，一边涂上黏合剂，一边缠上2~3mm的刺绣线。

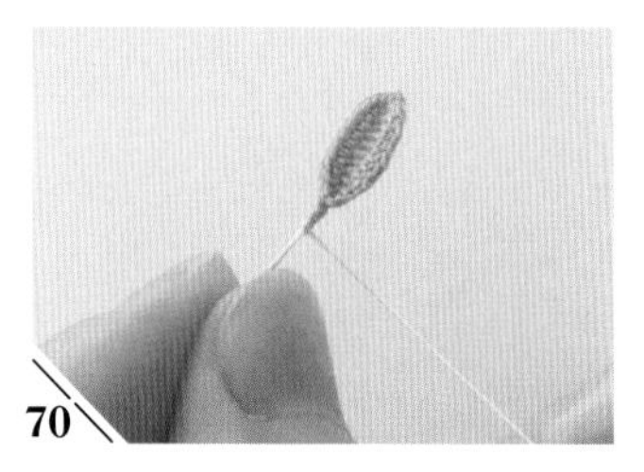

70 在每片叶子的根部涂上黏合剂，分别缠上2~3mm的线。

71 对齐缠线终点位置依次组合2片叶子（小）、2片叶子（大）。相同大小的叶子左右各1片，缠上1cm左右的线。

72 给茎部上色，喷上定型喷雾剂后晾干。在食指上滴一点黏合剂，薄薄地涂在缠线终点处的表面，晾干。斜着剪断茎部，再在切口处涂上黏合剂晾干。调整形状，作品就完成了。

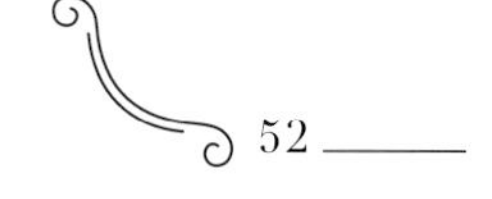

04

猪笼草

猪笼草是食虫植物的代表。
壶形部分是捕虫器，
其实是由叶子变化而来的。
先钩织成袋状，后面再进行塑形。
不要忘记钩织盖子部分。

作品图—— p.10
成品尺寸—— 3cm
袋子的直径—— 0.5cm
袋子的长度—— 1.3cm
叶子的长度—— 1.8cm
上色——将整个袋子染成黄绿色后吸干水分，
再在上面随意地染上红色花纹。将叶子染成黄绿色

材料

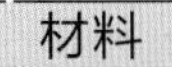

DMC Cordonnet Special（BLANC 80号）
纸包花艺铁丝（白色 35号）

编织图解

盖子

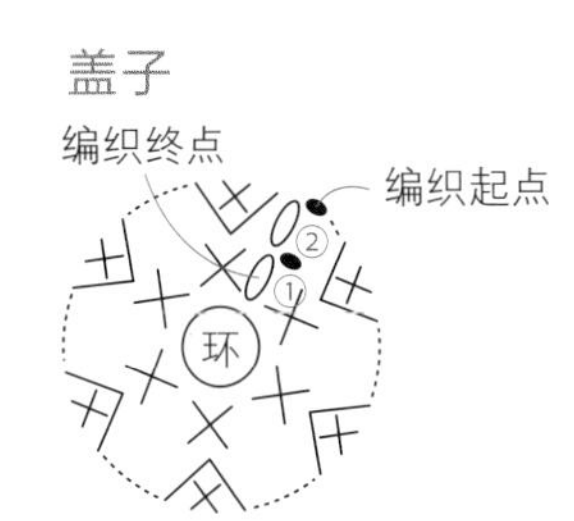

袋子

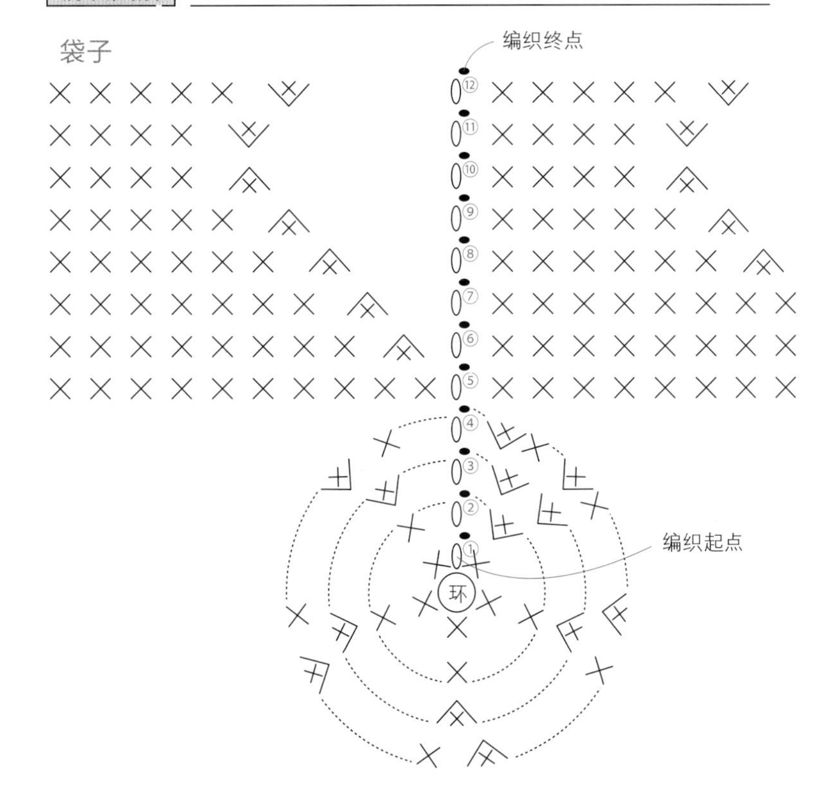

叶子

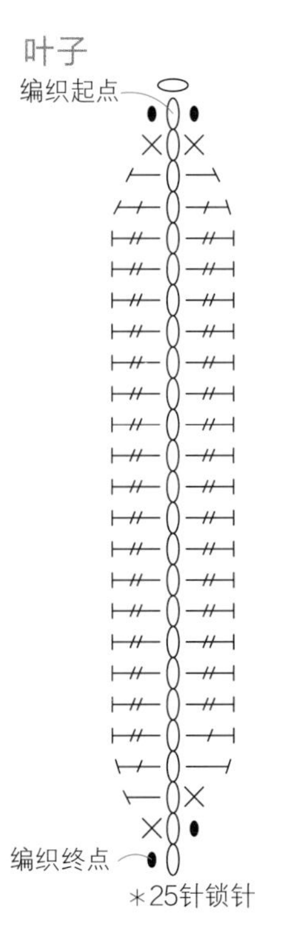

制作方法

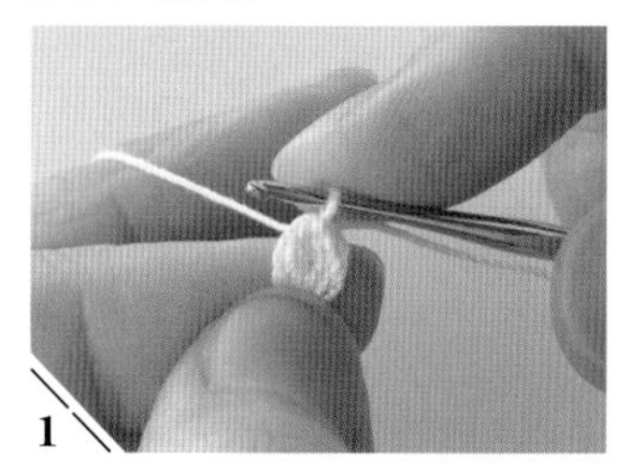

制作袋子。参照p.23环形起针，松松地钩5针短针后收紧线环。在第1圈短针的头部2根线里插入钩针，针头挂线引拔。第1圈完成。

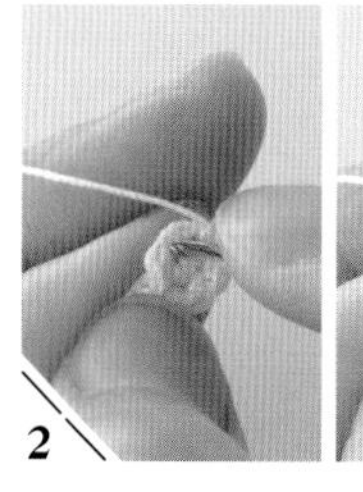

钩1针锁针，在第1圈短针的头部2根线里插入钩针，钩4针短针。

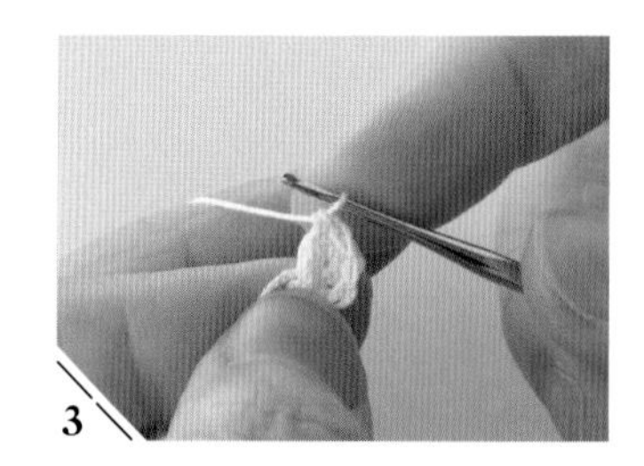

在剩下的短针头部2根线里插入钩针，钩2针短针，引拔，第2圈完成。

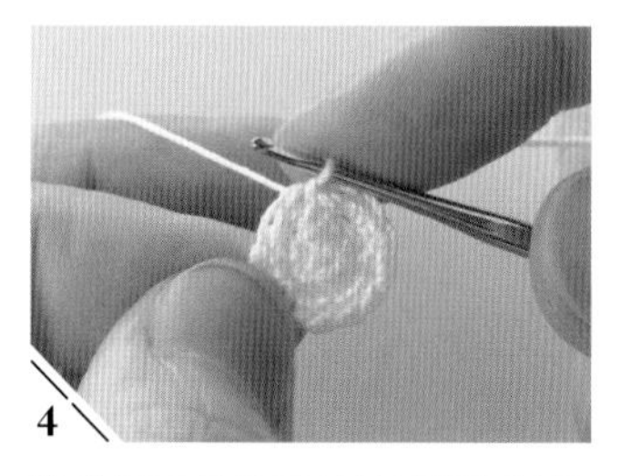

按编织图解钩织1针放2针短针的加针。第3圈完成。

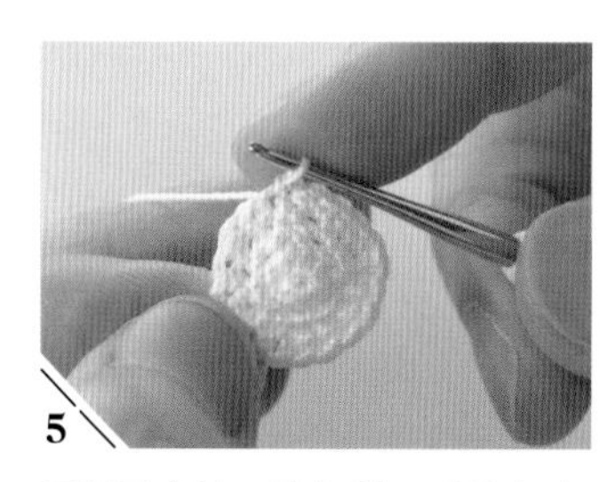

用相同方法一边加针一边钩织完第4圈。

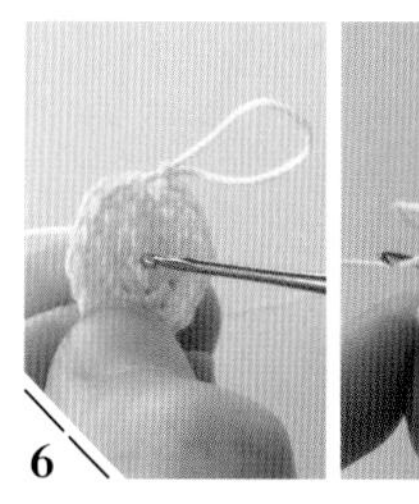

暂时取下钩针，插入中心，将编织起点的线头拉出至正面。

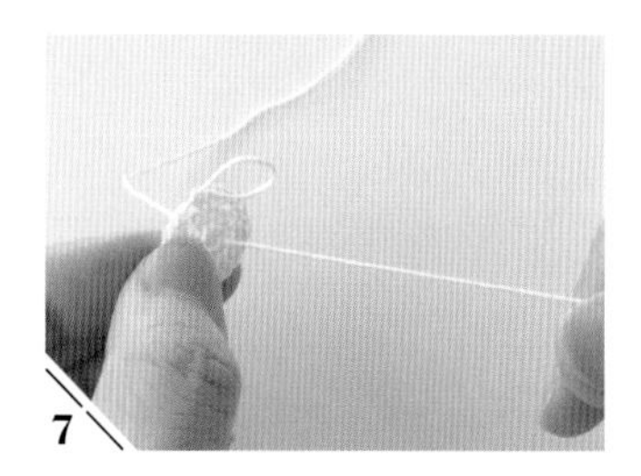

将刚才拉出至正面的线头拉紧，使中心向外突出。

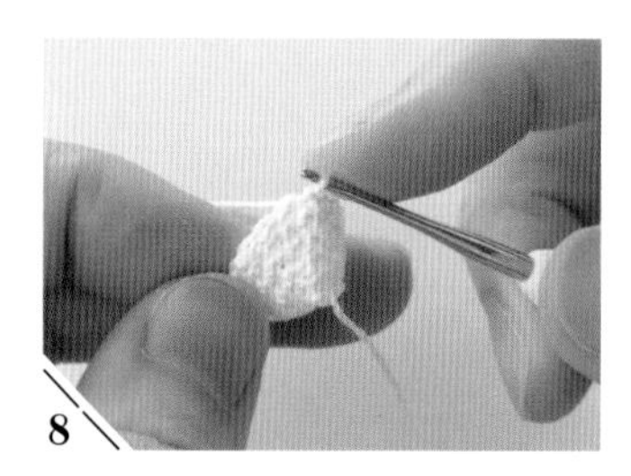

在针目里再次插入钩针。

在第4圈短针的头部2根线里插入钩针，按编织图解钩织第5圈。

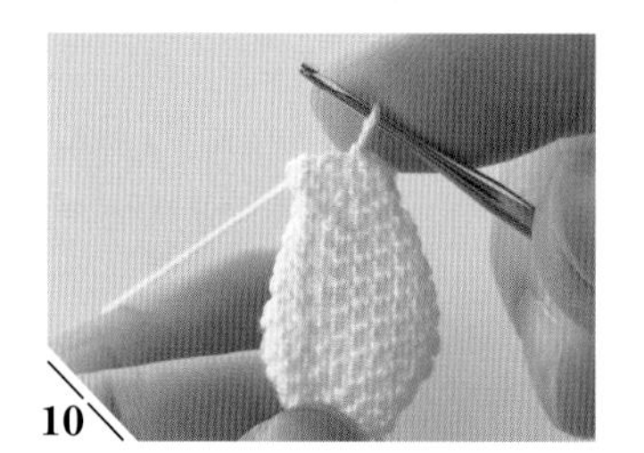

按编织图解钩织至第12圈。

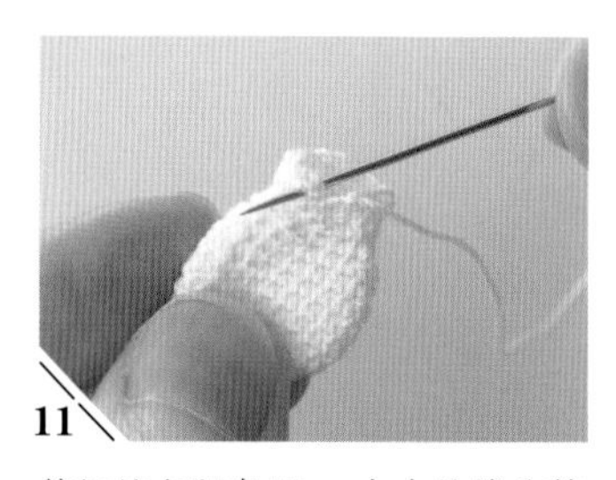

编织终点留出15cm左右的线头剪断，将线头穿入缝针，然后在袋子的边缘插入缝针。

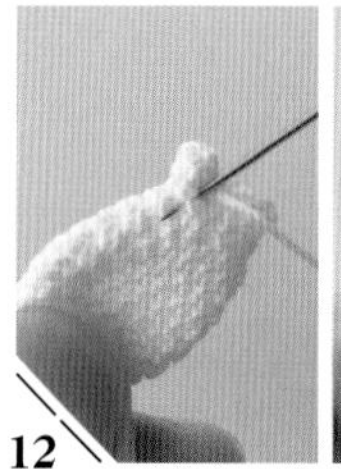

在针目里穿几次线，注意线迹不要太明显。

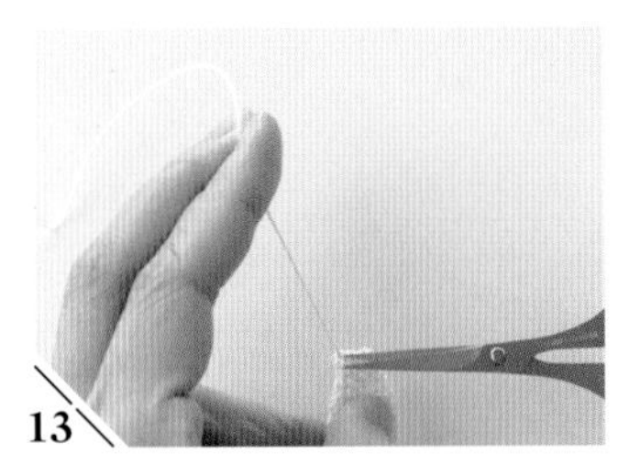

将线头穿至边缘后，紧贴着针脚剪断。

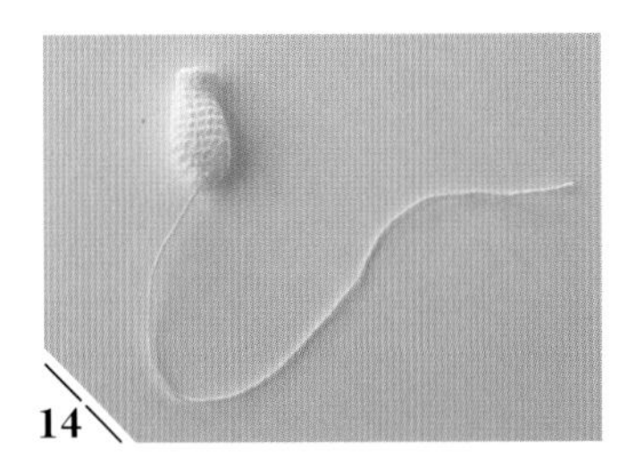

袋子完成。

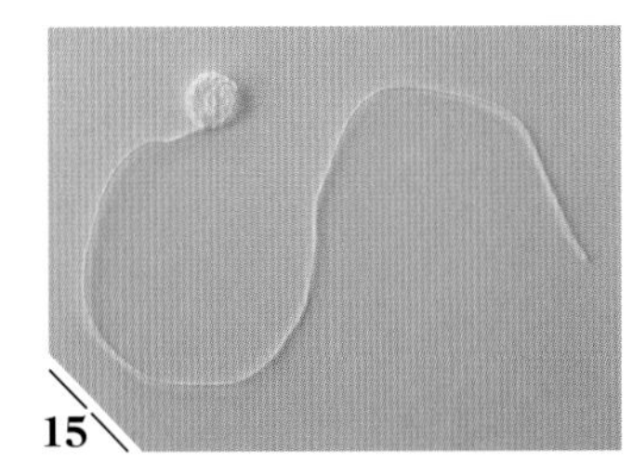

盖子按编织图解钩织完成后，编织终点留出20cm左右的线头剪断。将编织起点的线头紧贴着针脚剪断。

将盖子缝在袋子上。袋子从编织起点位置开始向上有一条类似缝合的线条，将盖子缝在这条线上方的边缘。

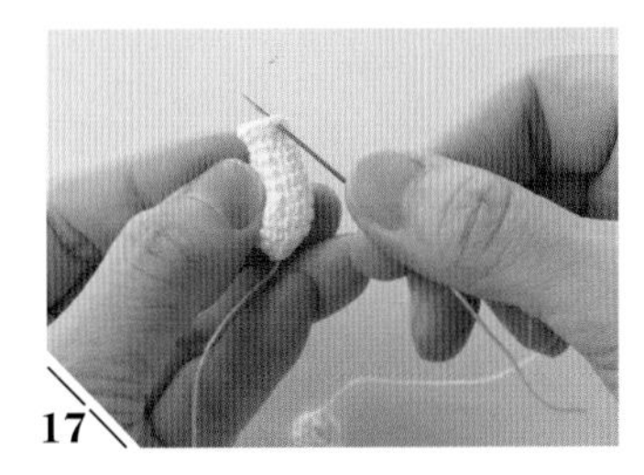

将盖子的线头穿入缝针，在袋子边缘5mm处的1针里插入缝针。

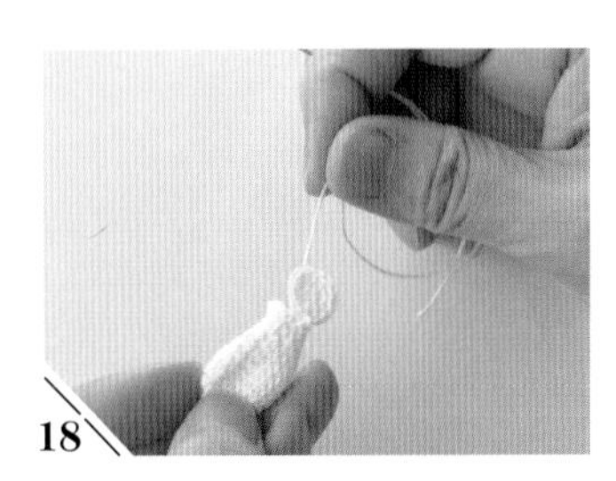

将线拉出，将盖子拉至袋子边缘，使盖子的正面朝上。

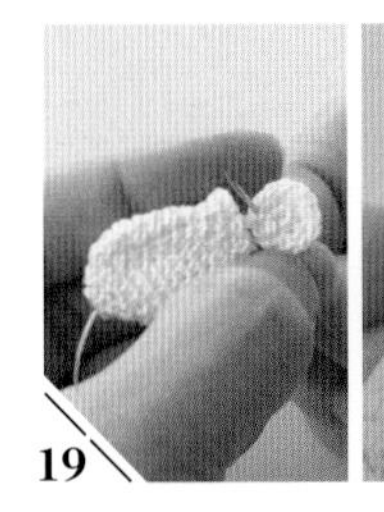

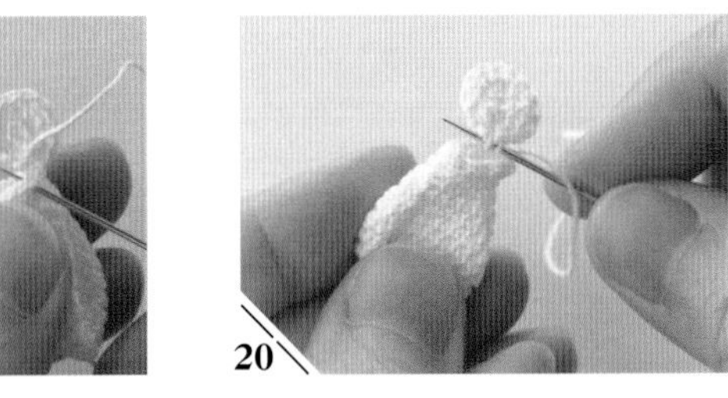

缝合3次左右。

将缝合终点的线头穿至盖子内侧的边缘。

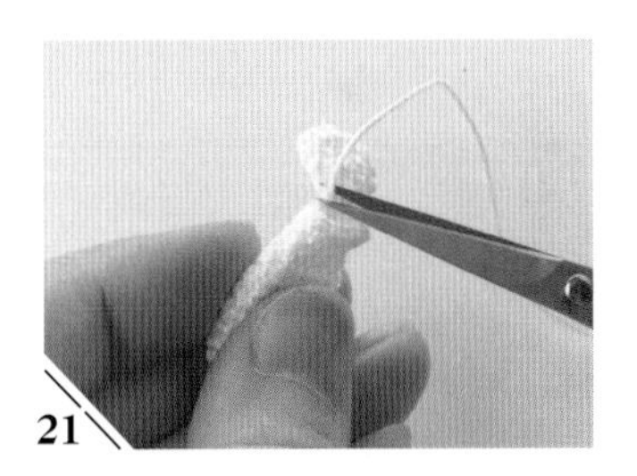

紧贴着针脚剪断。

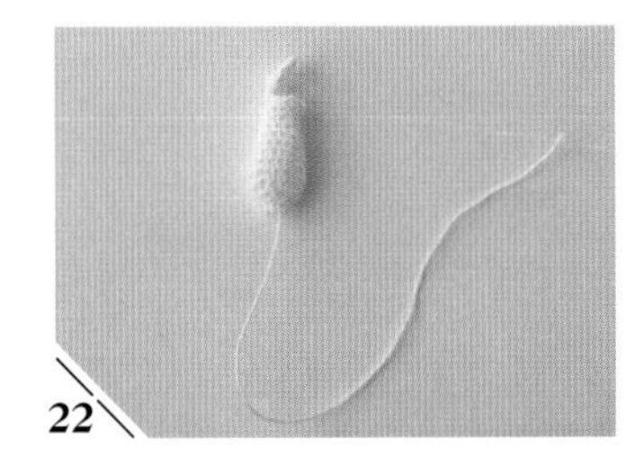

盖子和袋子缝合完成后的状态。

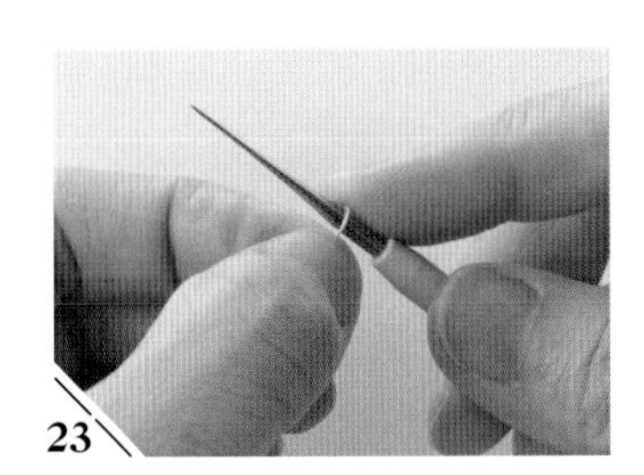

将铁丝剪至12cm后对折，套在锥子上拧出小圆环。

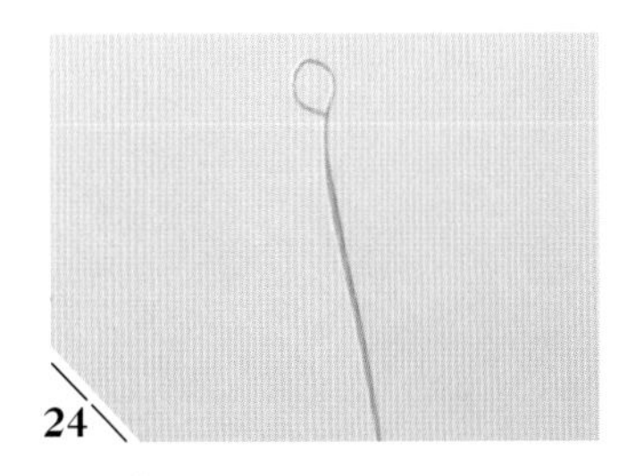

取下锥子。

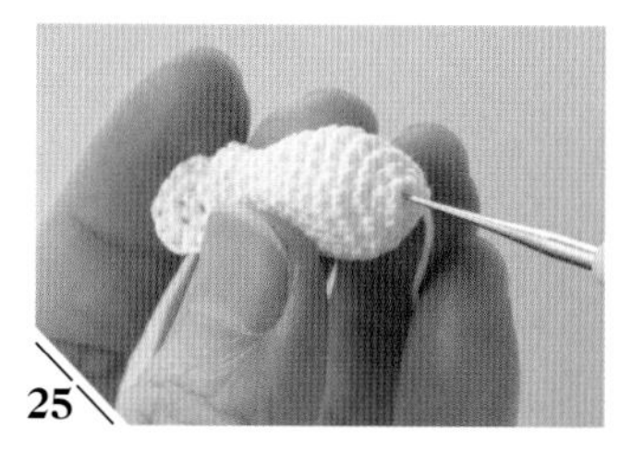

25 在袋子下方的中心插入锥子，戳出小孔。

26 将拧出小圆环的铁丝从袋子的内侧插入下方正中心。

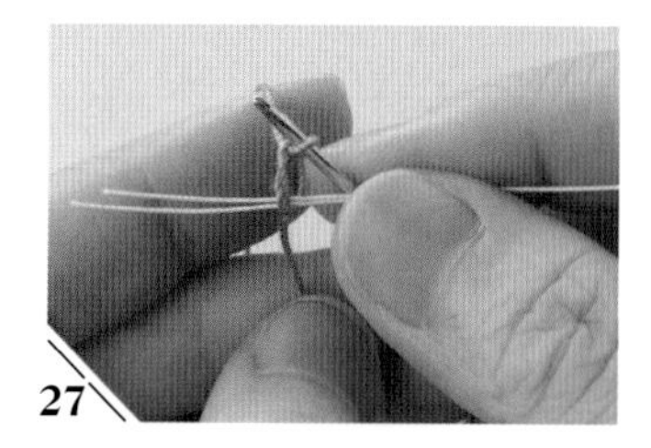

27 在穿入袋子的铁丝上钩织叶子。将铁丝的末端朝左拿好。编织起点留出20cm左右的线头，参照p.35的步骤**27**，在线结中穿入铁丝。

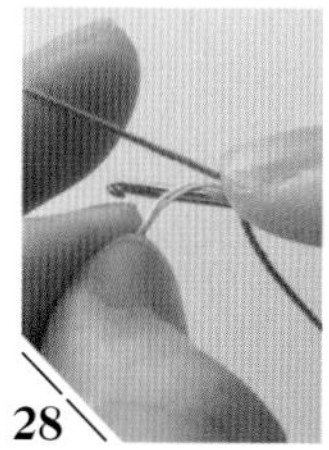
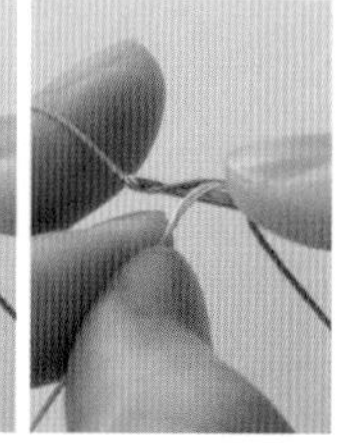

28 将线结移至方便钩织的位置。从铁丝的下方插入钩针，避开编织起点的线头在针头挂线。

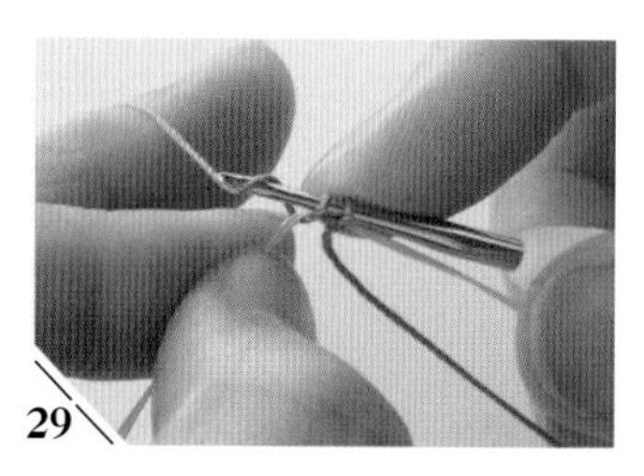

29 从铁丝的下方将线拉出，直接从铁丝的上方在针头挂线，引拔穿过针上的2个线圈。

30 用相同方法再钩24针。这就是编织图解中的锁针起针。

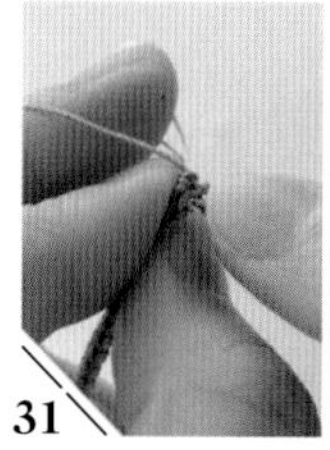
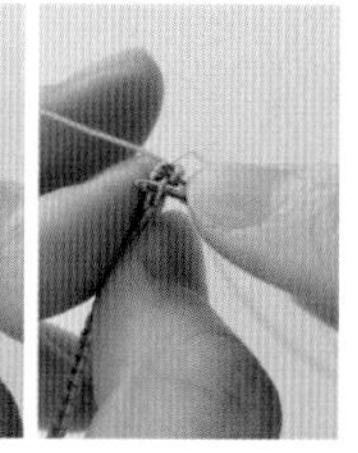

31 拿好钩针不动，逆时针方向水平翻转铁丝。在后面半针里插入钩针，针头挂线引拔。

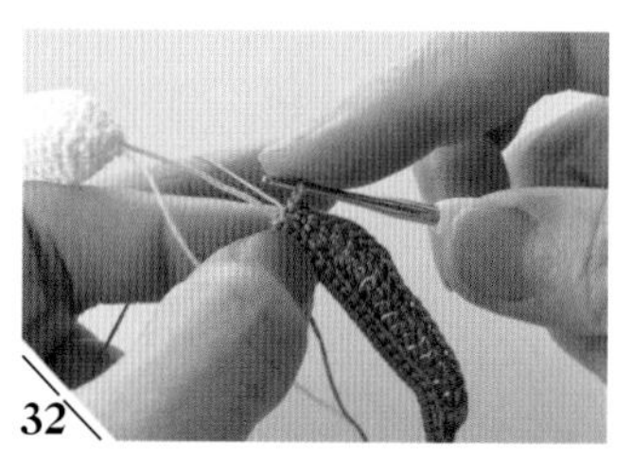

32 按编织图解钩1针短针、1针中长针、1针长针、16针长长针、1针长针、1针中长针、1针短针、1针引拔针。

33 钩1针锁针，在锁针起针剩下的半针里插入钩针。

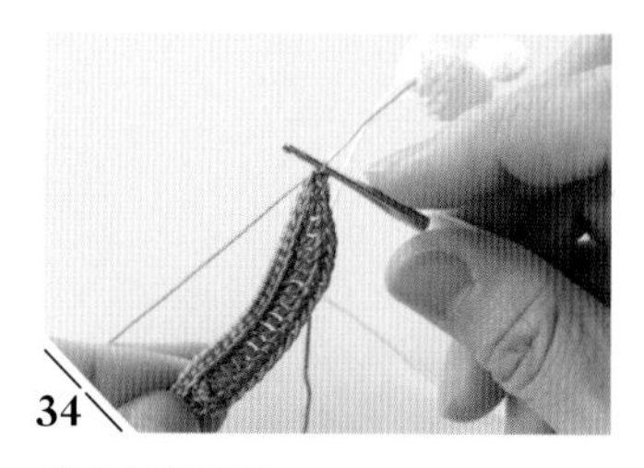

34 针头挂线引拔。

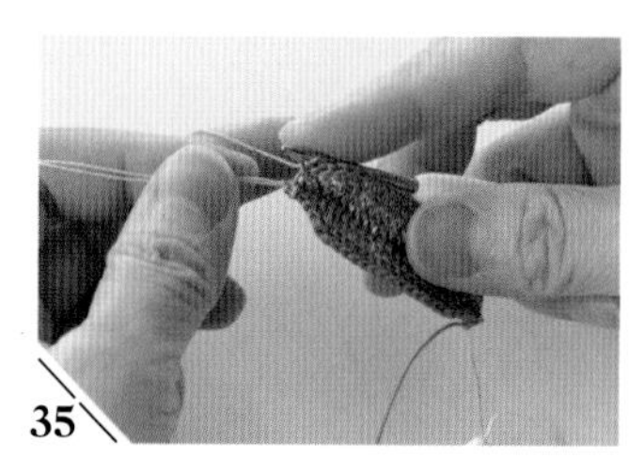

35 按编织图解钩1针短针、1针中长针、1针长针、17针长长针、1针长针、1针中长针、1针短针。

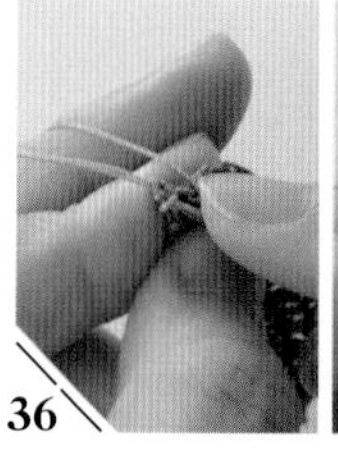
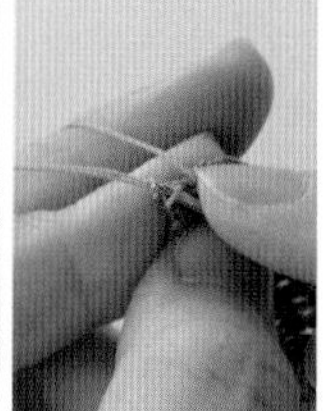

36 在剩下的前面半针里插入钩针，针头挂线引拔。

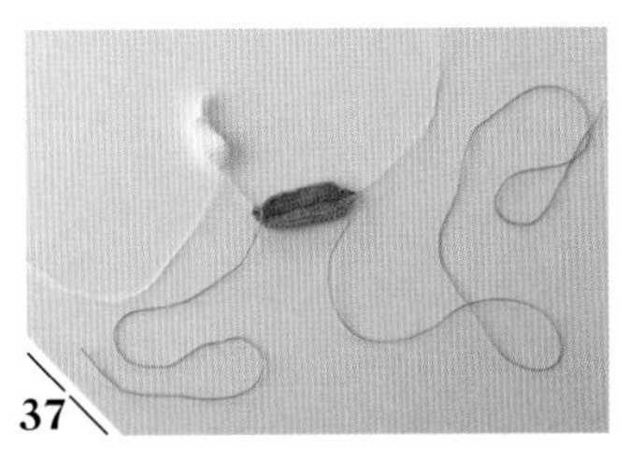

编织终点留出40cm左右的线头剪断。将叶子移至袋子下方1.3cm左右的位置。

拉紧袋子上的线头，紧贴着针脚剪断。

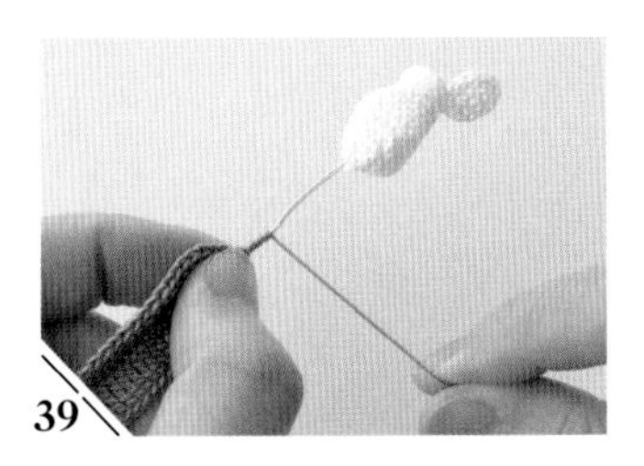

一边在铁丝上涂上黏合剂，一边将叶子的线朝袋子方向缠绕。

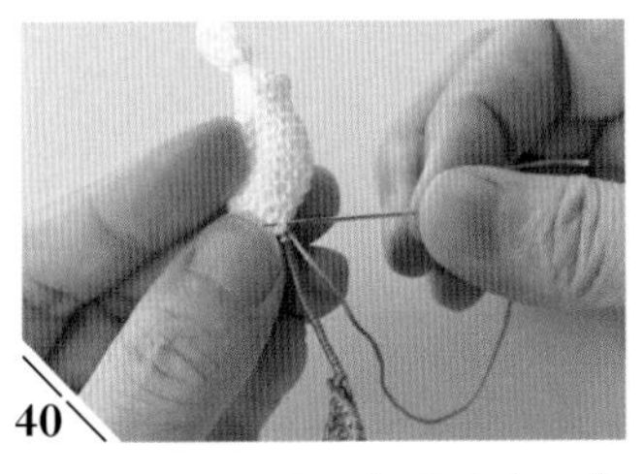

缠至袋子的根部，将线头穿入缝针，在袋子下方的针目里穿上2次左右，紧贴着针脚剪断。

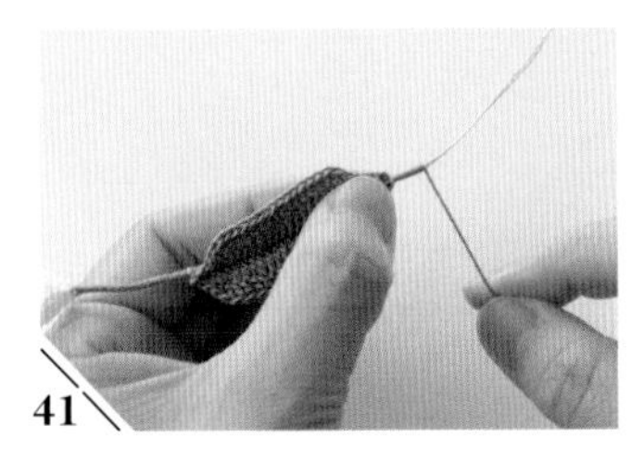

在叶子下方的铁丝上涂上黏合剂，缠上1.5cm左右的线。

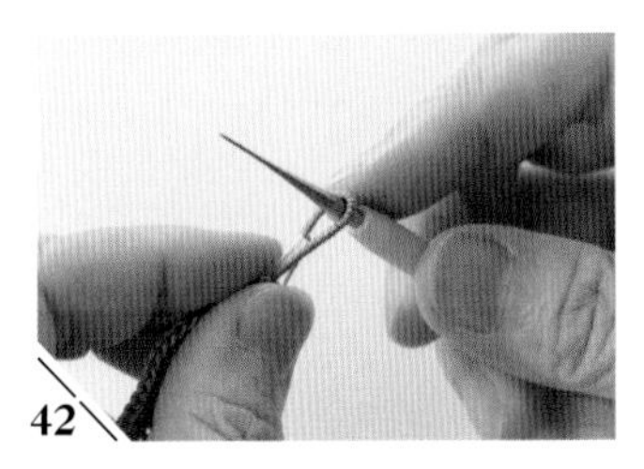

将缠线部分压在锥子上折弯。

在铁丝重叠部分涂上黏合剂，缠上2~3mm的线。

将线头穿入缝针，在叶子根部的针目里穿上2次左右，紧贴着针脚剪断。放入水中浸湿，在半干的状态下上色后晾干。

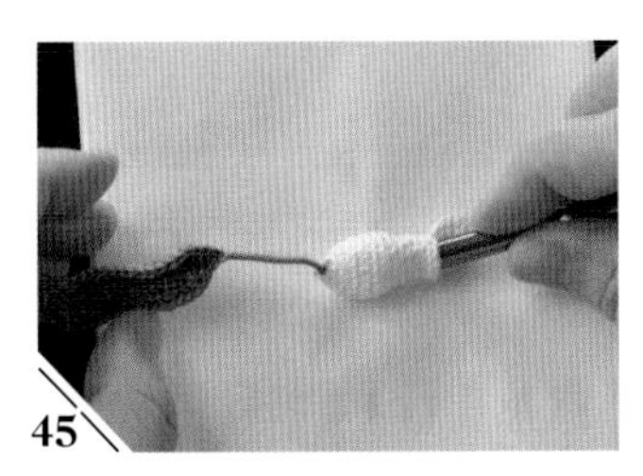

将纸巾铺在烫花垫上，在袋子部分插入铃兰镘烫头（极小），一边转动一边调整形状。

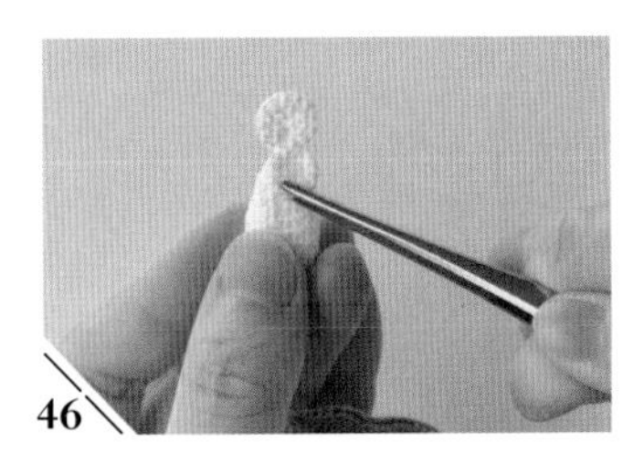

用镊子将袋子的边缘部分向外翻折，调整形状。

上色，晾干后弯曲茎部，使叶子位于袋子的后方。调整整体的形状。

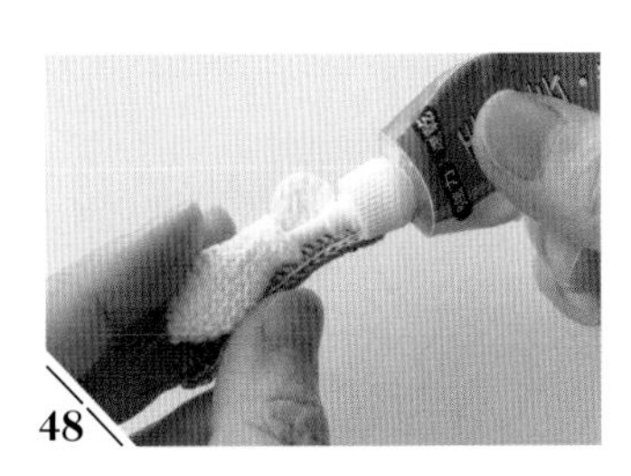

在袋子的内侧涂上黏合剂，固定铁丝。最后喷上定型喷雾剂，晾干。

框画的制作方法

作品钩织完成后，还可以制作成框画。
这里使用的是已经组合好的作品，
也可以只钩织作品的一部分，用编织终点的线头缝在底布上。
试试用喜欢的作品自由设计框画吧。

关于工具和材料

1 绣绷、相框

从大绣绷到迷你绣绷（刚好能放进去一朵花），有各种尺寸可供选择。使用相框时，请取下玻璃或亚克力板。

2 双面胶

将布料固定在绣绷的内框上时使用。宽1cm的双面胶使用起来更加方便。

3 透明缝纫线

用于将作品缝在布料和内衬上。如果只是作品的一部分，也可以直接用编织终点的线头钉缝。

4 缝针

用于固定布料以及缝合作品。

5 剪刀

建议选择比较锋利的剪刀，准备大小不同的几把剪刀会更加方便。

6 包包和帽子专用的内衬

包包和帽子专用的内衬可以作为底布，将作品缝在上面。有白色的和黑色的，厚薄也有区分。可以根据外框和布料的颜色进行选择。

7 布料

包在内衬和绣绷内框上的布，建议使用细纹布。请根据外框和作品选择合适的颜色和材质。

装饰在绣绷上

绣绷有很多种类，
用来制作框画非常实用。
可以不使用内衬，直接绷上布料进行装饰。

成品尺寸—— 直径10cm

材料

喜欢的作品（此处为p.62的喜林草）
直径10cm的绣绷
白色布料

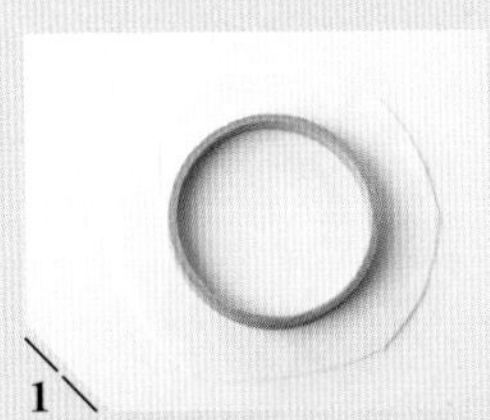

1 取下绣绷的外框。根据内框的大小裁剪布料，留出1.5cm左右的余量。

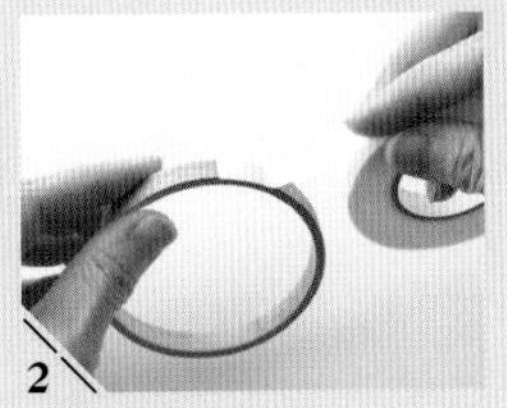

2 在内框的外侧粘贴双面胶。

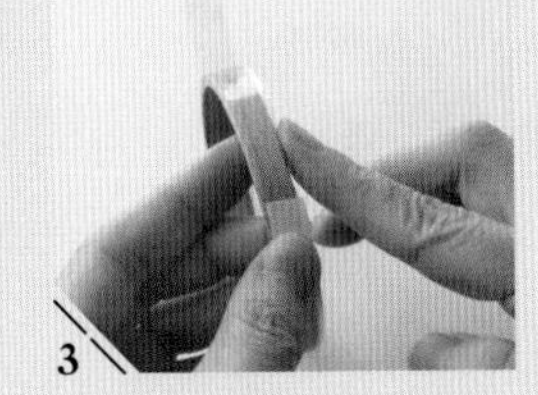

3 将多出的部分粘贴在边缘。

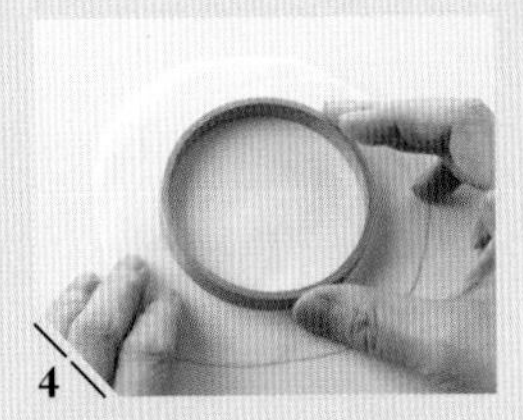

4 将粘有双面胶的绣框边缘朝下放在布料上。

5 翻折布边，粘贴在绣绷的内框上。

6 翻回正面，拉紧布料，消除褶皱，保持布面平整。

7 将内框嵌入外框。

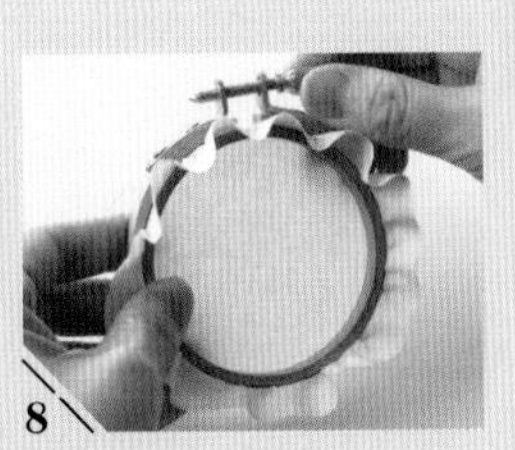

8 拧紧绣绷上的螺丝。

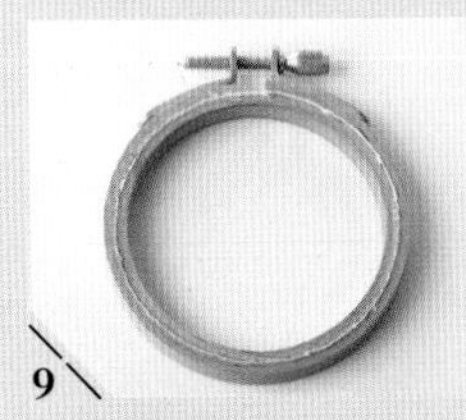

9 剪掉露出绣绷的布料。

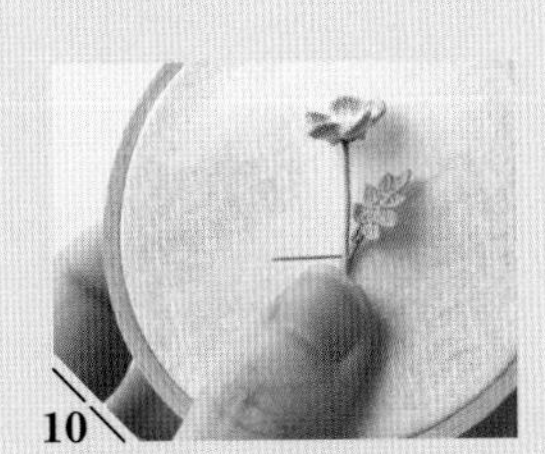

10 将组合好的作品在正面的布料上放好，将缝纫线穿入缝针，从布料的反面往正面入针。

11 接着从正面往反面入针，上下穿针2次左右。缝住茎部的上下2处。

12 从线上取下缝针，在反面打上死结固定，完成。

装饰在相框上

从现代风到复古风，
相框有各种风格和设计。
根据作品的特点进行选择搭配也充满乐趣。
用布料包住内衬，再缝上作品。

成品尺寸——相框的内径10cm

材料

喜欢的作品（此处为p.38的帝王花）
直径12cm的相框
黑色布料
薄内衬（黑色）

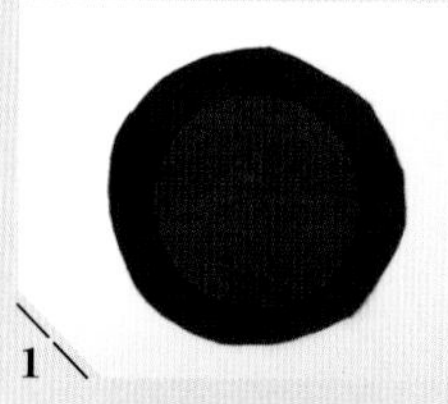

1 根据相框的尺寸裁剪内衬。再根据内衬裁剪布料，留出1.5cm左右的余量。

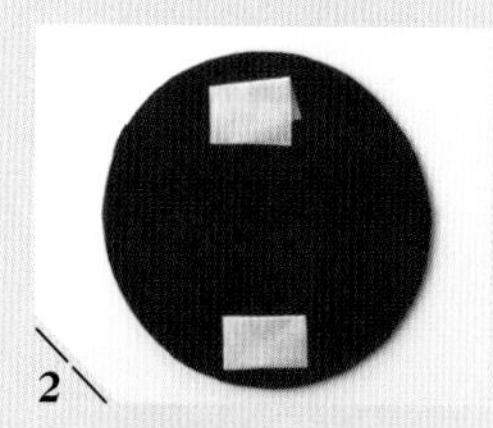

2 在内衬反面的2处粘贴遮蔽胶带。

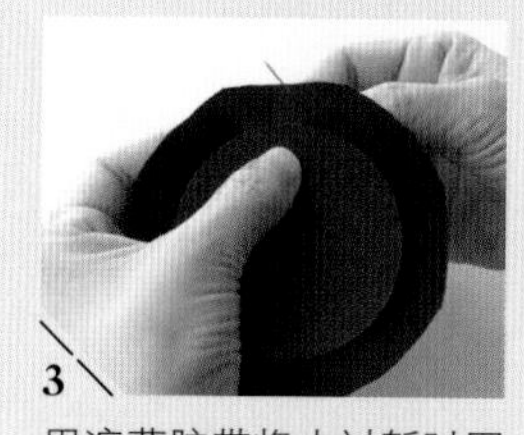

3 用遮蔽胶带将内衬暂时固定在布料上，将编织线穿入缝针，在距离内衬边缘5mm左右的位置做平针缝。

4 缝上1圈后的状态。撕掉遮蔽胶带。

5 拉动线头，收紧布料的边缘。

6 包住内衬，拉紧线头，打上死结固定。

7 翻回正面，放上作品，用锥子在4个点上戳出小孔。

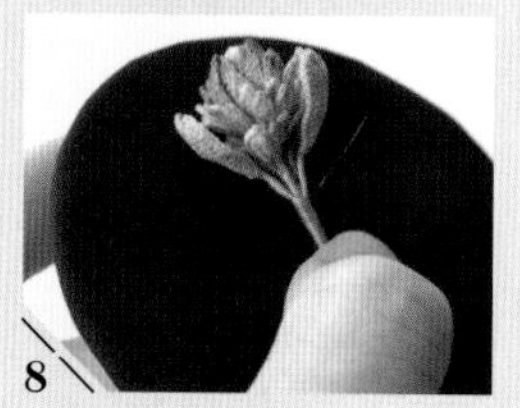

8 将缝纫线穿入缝针，从反面入针。

9 接着从正面往反面入针，上下穿针2次左右缝住茎部的上下2处。

10 从线上取下缝针，在反面打上死结固定。

11 缝线固定茎部的上下2处，完成。

12 最后嵌入相框。

作品的制作方法

本书介绍的作品可以分为下面几种制作方法。
虽然具体的编织图解各不相同，但只要了解了制作方法的类型，操作起来就会容易很多。
p.32~57的教程也讲解了一部分，请一并作为参考。

一体成型的花瓣（喜林草）

这是在1片织物里完成花瓣的钩织。既有单层花瓣的喜林草，也有多层花瓣组成的栀子花。多层花瓣的花朵在开始钩织前，请先确认钩入花瓣的位置。

重叠花瓣（帝王花）

分别钩织2层或3层花瓣，再重叠起来制作成花朵的形状。每层花瓣钩织起来也比较容易。使用这种方法的作品有帝王花、木槿、蝴蝶兰、鸢尾等。木槿是将5片花瓣相互重叠一小部分组合在一起。

组合小花（麻叶绣线菊）

钩织一朵朵的小花，分别穿入铁丝后再组合在一起。一片一片的小花片很容易钩织，非常适合用于练习。使用这种方法的作品有麻叶绣线菊、条纹海葱、麦穗等。

钩织成袋状（猪笼草）

钩织袋状结构制作花朵。因为钩织过程中自然形成立体造型，钩织完成后的塑形处理非常重要。钩织方法并不难。使用这种方法的作品有猪笼草和红豆杉等。

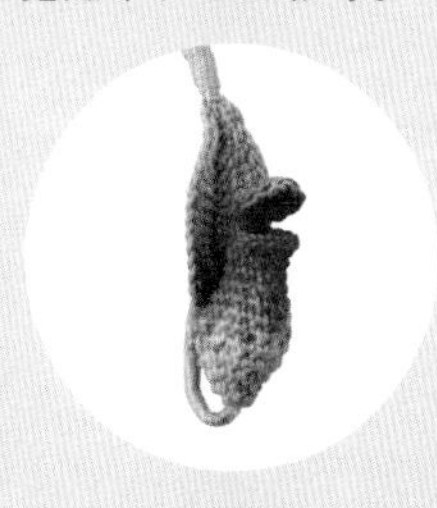

制作果实

在木珠上缠绕刺绣线制作成果实。本书只介绍了野葡萄。制作方法并不难，p.95讲解了制作要点。同样是果实，作品红豆杉却是由钩织成的袋状结构制作而成。

其他

蓟花和合欢花是将线缠成一束制作成花朵。西番莲是将钩织的部分以及在铁丝上缠绕刺绣线制作的部分组合在一起。棉花是用羊毛毡塑形制作而成。

喜林草

原产于北美的喜林草，
在日语中又叫“琉璃唐草”。
花如其名，清澈的蓝色令人赏心悦目。
最大的特点是楚楚动人的姿态和叶子的锯齿形状。
请参考图文解说进行制作。

作品图—— p.7
成品尺寸—— 5cm
花的直径—— 1.3cm
叶子的长度—— 1.5cm
上色——花朵边缘染上蓝色和群青色，
将花萼和叶子染成黄绿色

材料

DMC Cordonnet Special（BLANC 80号）
纸包花艺铁丝（白色 35号）
玻璃微珠5颗

编织图解

花朵

环
编织终点
编织起点
③
②
①

花萼

环
编织起点
编织终点

叶子

在铁丝上引拔
编织起点
编织终点
＊9针锁针

制作方法

1 按编织图解钩织1朵花。给花朵上色，晾干前调整形状，使花瓣相互错开。喷上定型喷雾剂。

2 钩织1片花萼，编织终点留出40cm左右的线头剪断，从中心穿至正面。染成黄绿色后晾干，再喷上定型喷雾剂。

3 将铁丝剪至12cm，钩织1片叶子。钩织方法请参照要点**1~6**。染成黄绿色。在铁丝上涂上黏合剂，缠上2~3mm的线。

4 用锥子戳大花朵的中心。将铁丝剪至12cm，将铁丝的两端分别穿入花朵的中心以及边上另一个针目里。将铁丝对折，再将花朵编织终点的线头紧贴着针脚剪断。

5 将步骤**4**的铁丝穿入花萼的中心，在反面涂上黏合剂粘贴固定。在铁丝上涂上黏合剂，用花萼的线缠上1.5cm左右。

6 缠线终点位置与叶子对齐并在一起。在铁丝上涂上黏合剂，用花萼的线缠上1cm左右。

7 将茎部染成黄绿色晾干，喷上定型喷雾剂。在缠线终点处薄薄地涂上黏合剂。晾干后喷上定型喷雾剂，再晾干。斜着剪断铁丝和线，在切口处涂上黏合剂晾干。

8 用灰色的油性马克笔（Copic C5）给玻璃微珠上色。颗数比较少的时候，可以将遮蔽胶带剪成圆形，粘贴面朝上，将玻璃微珠粘在上面进行上色。

9 等步骤**7**的定型喷雾剂晾干后，在花朵的中心涂上黏合剂，用镊子将玻璃微珠粘贴在上面。为了防止掉色，务必喷上定型喷雾剂后再粘贴上过色的玻璃微珠。

要点 1

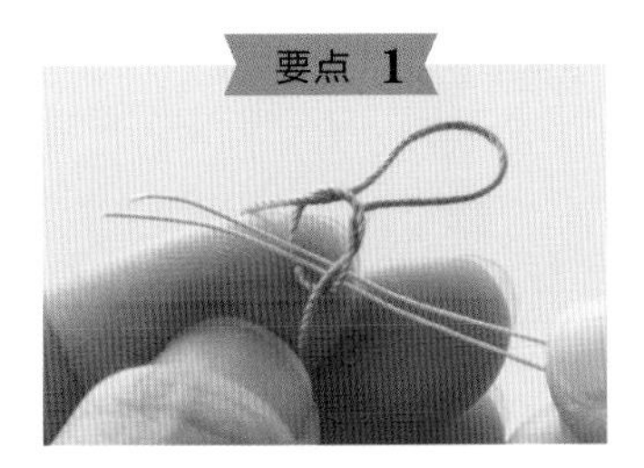

参照p.35的步骤**27**，在线结中穿入对折的铁丝，将线拉紧。接着包住2根铁丝钩织。

要点 2

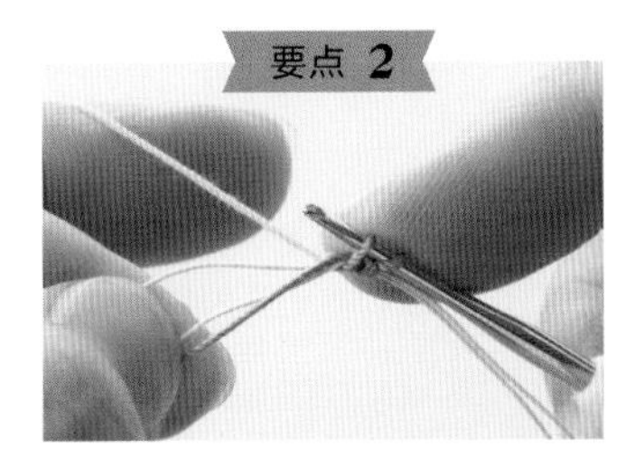

将线结移至铁丝的中心，同时捏住铁丝和编织起点的线头。从铁丝的下方插入钩针，针头挂线，从铁丝的下方将线拉出。

要点 3

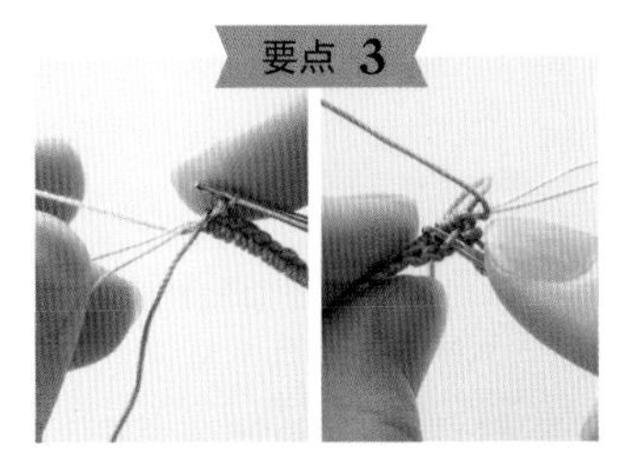

钩9针锁针，翻转织物，在后面半针里插入钩针，针头挂线引拔。

要点 4

编织图解右侧的第3片小叶片完成后，拉动铁丝，使铁丝的小圆环部分露出1cm左右。

要点 5

在露出的铁丝圆环中插入钩针，针头挂线引拔。

要点 6

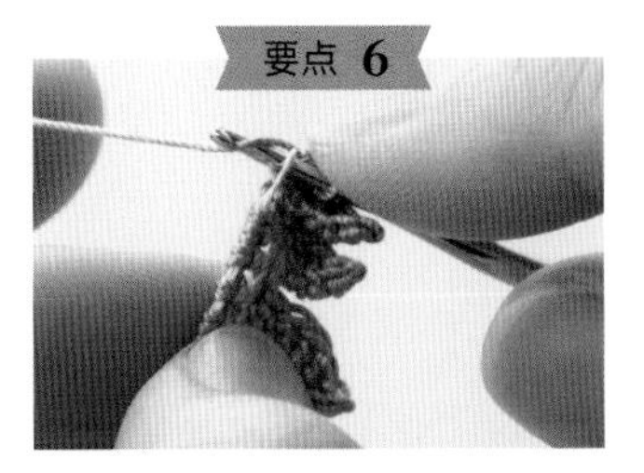

编织图解顶端的小叶片完成后，与要点**5**一样，在铁丝的小圆环中插入钩针，针头挂线引拔。按编织图解在前面半针里插入钩针继续钩织。

木槿

在盛夏绽放出大朵的花，
优雅且美丽。
作为一种庭院灌木花卉备受青睐。
大片的花瓣是一片一片钩织完成后组合在一起。
无须浸湿，直接上色，所以颜色分外鲜明。
雄蕊是将剪碎的刺绣线粘贴在铁丝上制作而成。

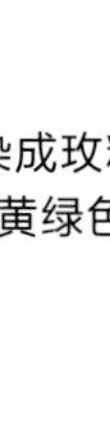

作品图—— p.9
成品尺寸—— 5.5cm
花的直径—— 1.8cm
花瓣的直径—— 0.8cm
叶子的长度—— 1.5cm
上色——花瓣无须浸湿，将根部染成玫粉色。
　　　将叶子、花萼、茎部染成黄绿色

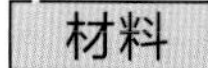

材料

DMC Cordonnet Special（BLANC 80号）
纸包花艺铁丝（白色 35号）
刺绣线 DMC 3078（浅黄色）

编织图解

花瓣

5片花瓣组成1朵花

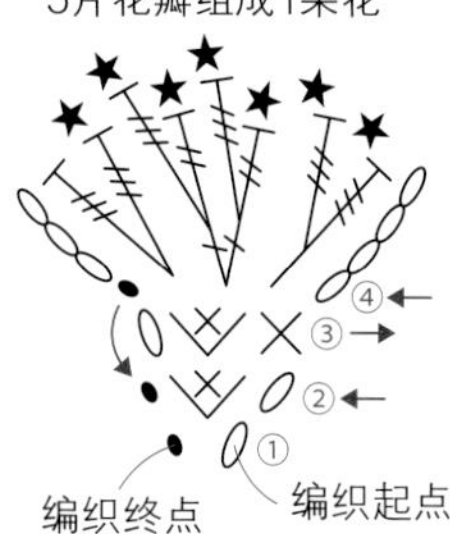

花萼

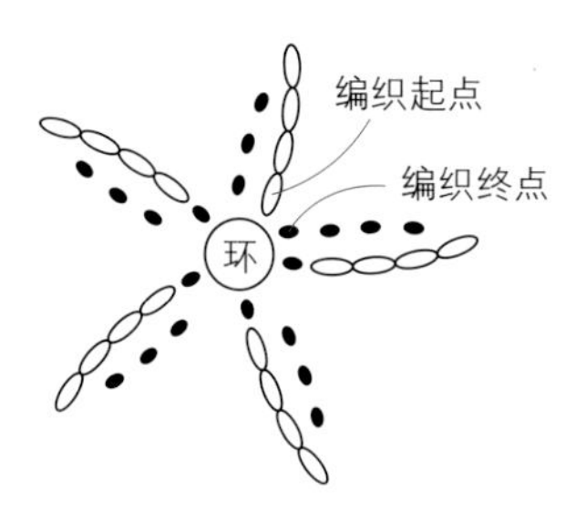

叶子

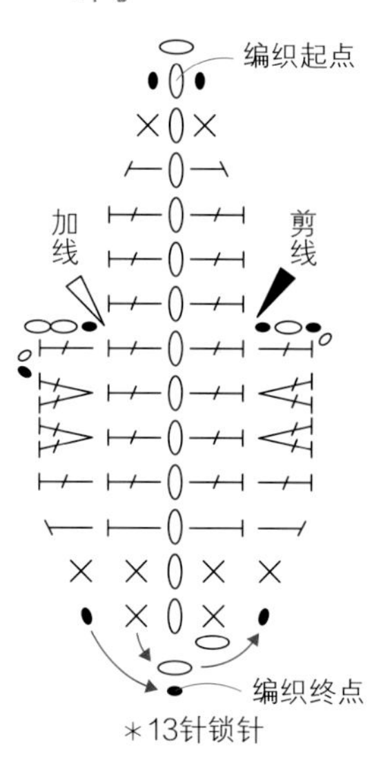

制作方法

1 按编织图解钩织10片花瓣。钩织方法请参照要点**1~6**。

2 花瓣无须浸湿，将根部染成玫粉色。不浸湿直接上色是为了防止染料晕开，这样染出的颜色更加鲜明。晾干后再喷上定型喷雾剂。

3 按编织图解钩织2片花萼。编织终点留出40cm左右的线头剪断，将线头从中心拉出至正面。染成黄绿色，调整形状使中心向内凹陷，晾干后喷上定型喷雾剂。

4 将铁丝剪至12cm，按编织图解钩织3片叶子。编织图解中的加线和剪线部分参照p.66的要点**7~11**。钩织完成后染成黄绿色。分别在铁丝上涂上黏合剂，缠上2~3mm的线。

5 制作雄蕊。参照p.66的要点**12~14**，将铁丝剪至12cm，在中心涂上黏合剂并缠上刺绣线。缠上一点线后对折，继续缠线，缠至圆锥形。在缠线部分涂上黏合剂，再将刺绣线剪碎粘贴在上面。

6 以雄蕊为中心，将5片花瓣组合在一起，涂上黏合剂固定。在花瓣的根部涂上黏合剂，用花瓣的线缠绕。再将所有花瓣的线头剪断（参照p.66的要点**15~17**）。

7 等步骤**6**的黏合剂晾干后，将步骤**5**的铁丝穿入花萼的中心，然后在花瓣的根部涂上黏合剂粘贴固定（参照p.66的要点**18**）。调整花瓣的形状和位置，在铁丝上涂上黏合剂，用花萼的线缠上1.5cm左右。用相同方法再制作1组。

8 对齐缠线终点位置组合叶子。在铁丝上涂上黏合剂，用花萼的线缠上1cm左右。用相同方法将另一组花朵和剩下的2片叶子错落有致地组合在一起。

9 将茎部染成黄绿色，晾干后喷上定型喷雾剂。在缠线终点处薄薄地涂上黏合剂。晾干后调整形状，再喷上定型喷雾剂晾干。斜着剪断铁丝和线，在切口处涂上黏合剂晾干。

要点 1

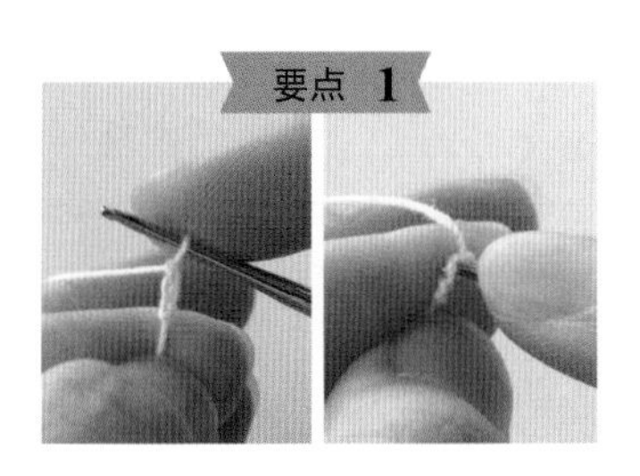

按p.64的编织图解钩织花瓣。钩2针锁针起针，在第1针锁针里插入钩针。

要点 2

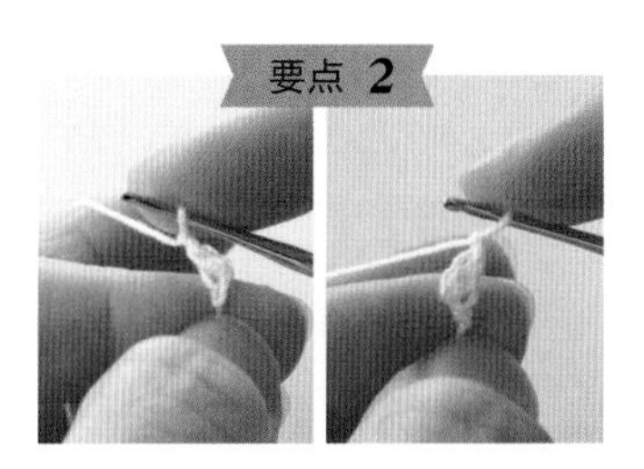

钩2针短针后，拿好钩针不动，向左翻至反面。第3行是钩完1针锁针后再翻至反面。

要点 3

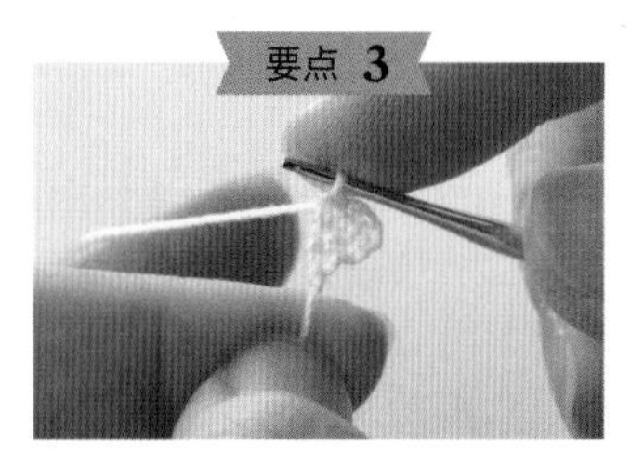

按编织图解钩织第3行。

要点 4

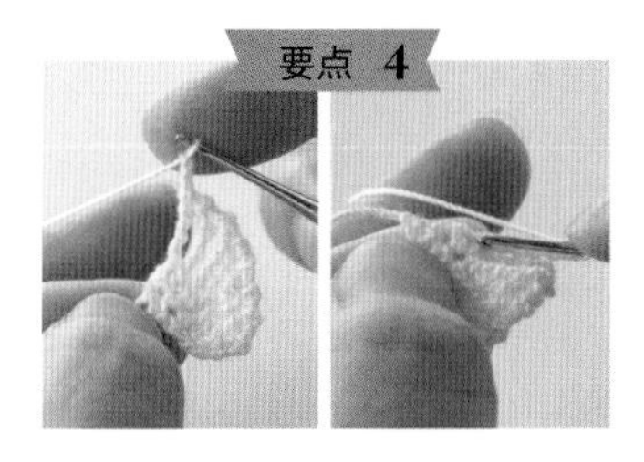

按编织图解钩织第4行。钩完3针锁针后，在前一针3卷长针的同一个针目里插入钩针，针头挂线引拔。

要点 5

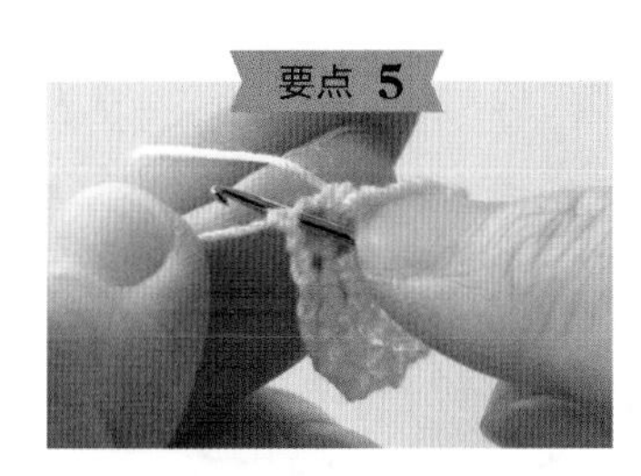

在第2行外侧的2根线里插入钩针，针头挂线引拔。接着在第1行的锁针里插入钩针，同样挂线引拔。

要点 6

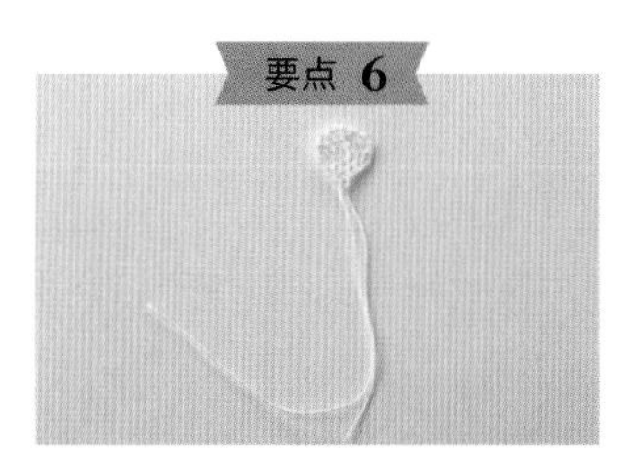

1片花瓣完成。编织终点留出10cm左右的线头剪断。

要点 7

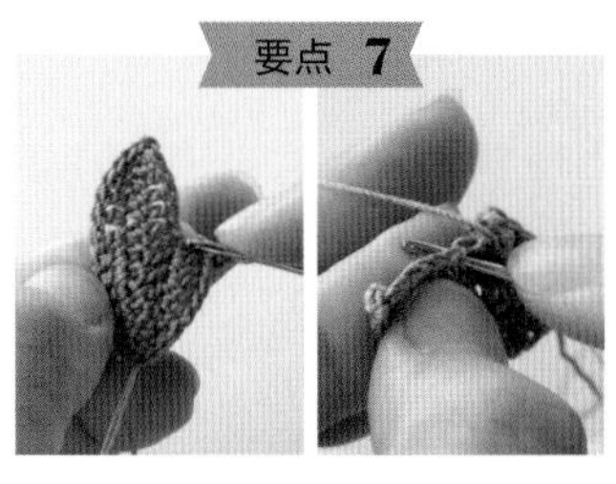

参照p.35的步骤**27~32**，按编织图解钩织叶子。钩织至图解中的“剪线”位置，留出40cm左右的线头剪断，将线拉出。

要点 8

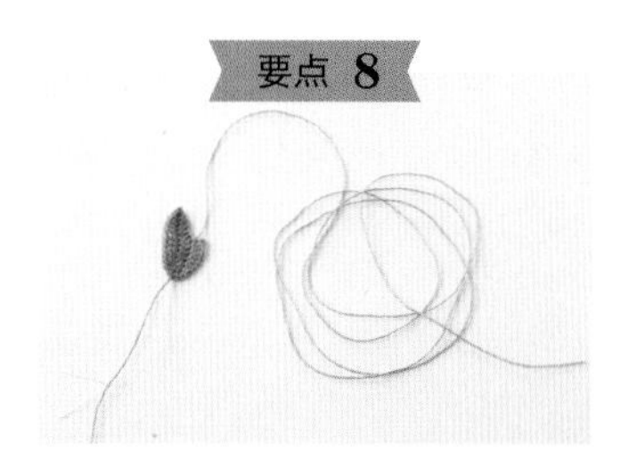

将线拉出后的状态。

要点 9

将编织终点的线头穿入缝针，在织物的反面一针一针地挑针，将线穿至另一侧。

要点 10

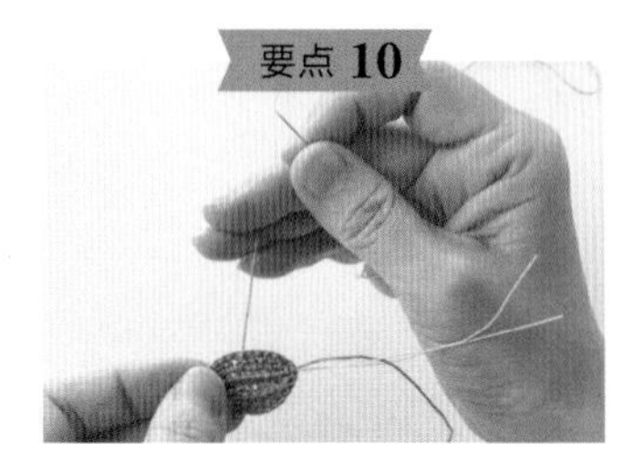

在图解中“加线”位置的针目里将线拉出。

要点 11

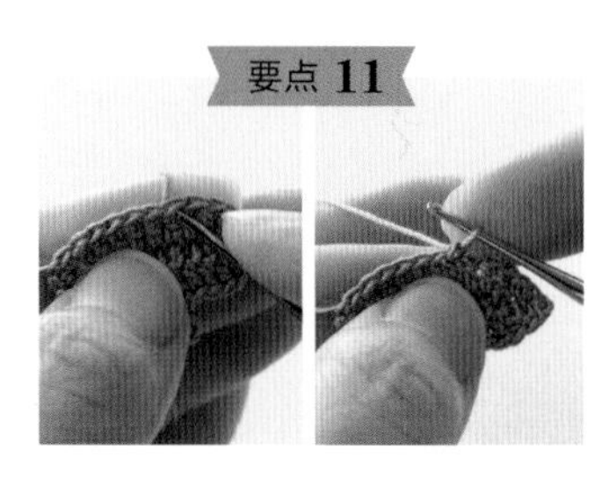

在从编织起点侧数第7针的头部插入钩针，针头挂线引拔。按编织图解继续钩织。

要点 12

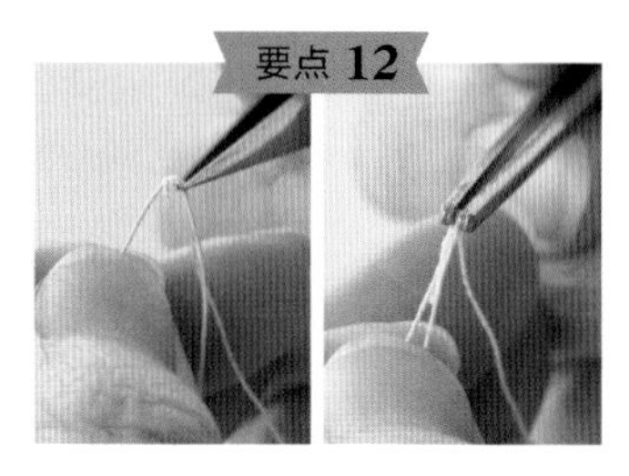

制作雄蕊。抽出1根刺绣线。将铁丝剪至12cm，在铁丝的中心涂上黏合剂，缠上2mm左右的线。对折，用镊子夹紧。

要点 13

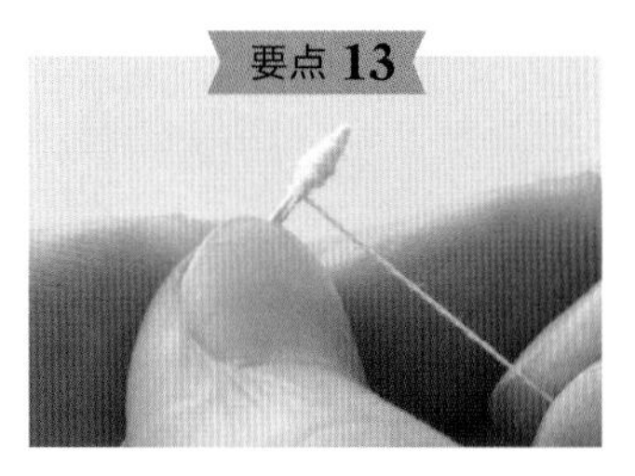

涂上黏合剂，继续缠上刺绣线，缠成圆锥形。

要点 14

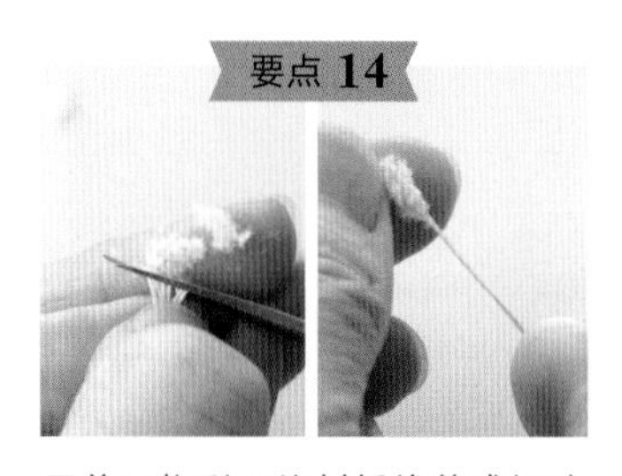

用剪刀将剩下的刺绣线剪成细碎状。在铁丝的整个缠线部分涂上黏合剂，用手指将碎线粘贴在上面。再喷上定型喷雾剂。

要点 15

组合花朵。以雄蕊为中心，将3片花瓣相互重叠着并在一起，在根部涂上黏合剂。将剩下的2片花瓣也组合在一起，调整形状。

要点 16

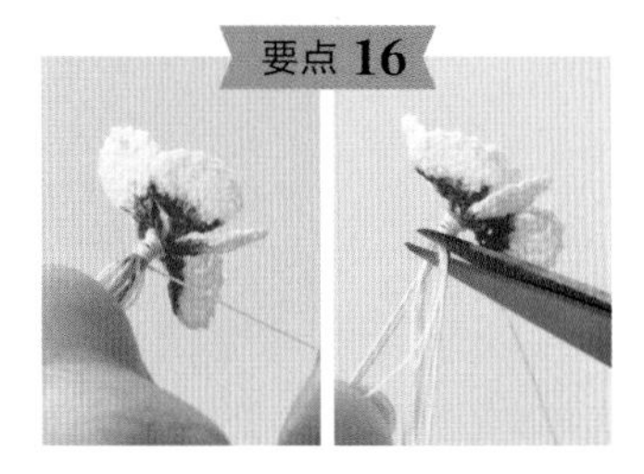

在花瓣根部的外侧涂上黏合剂，缠上3mm左右的线。在根部剪断所有的线头。

要点 17

调整花瓣的形状，使5片花瓣相互重叠一小部分即可。

要点 18

等黏合剂晾干后，将铁丝穿入花萼的中心，在花瓣的根部涂上黏合剂粘贴固定。

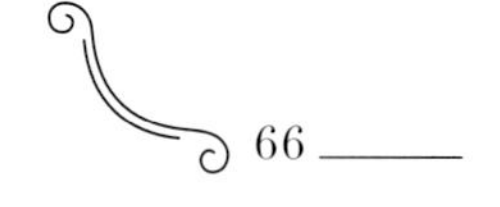

栀子花

纯白色的栀子花尽显高贵气息。
本书制作的是大朵的重瓣花，
在1片织物里钩织3层花瓣。
叶子每3片为1组分别组合在一起。
雄蕊的制作方法与p.64木槿相同。

作品图—— p.11
成品尺寸—— 5.2cm
花的直径—— 2cm
叶子的长度—— 1.2cm
上色——将叶子、花萼、茎部染成黄绿色

材料

DMC Cordonnet Special（BLANC 80号）
纸包花艺铁丝（白色 35号）
刺绣线 DMC 3078（浅黄色）

制作方法

1 按编织图解钩织1朵花。第6圈的花瓣是在第3圈的前面半针里挑针钩织。第7圈是在第2圈的前面半针里挑针钩织。每片花瓣都是钩在1个针目里。Y字针的部分参照p.27钩织。编织终点留出15cm左右的线头剪断，在不影响花瓣位置的情况下穿几次线后剪掉多余的线头。调整形状，喷上定型喷雾剂。

2 按编织图解钩织1片花萼（参照p.68的要点**1**、**2**），编织终点留出40cm左右的线头剪断，将线头从中心穿至正面。染成黄绿色后晾干，再喷上定型喷雾剂。

3 将铁丝剪至12cm，参照p.35的步骤**27~32**加入铁丝并起针，按编织图解钩织6片叶子。染成黄绿色。分别在铁丝上涂上黏合剂，缠上2~3mm的线。

4 制作雄蕊。将铁丝剪至20cm，在铁丝的中心涂上黏合剂，缠上刺绣线。缠上一点线后对折，继续缠绕刺绣线，将顶端缠成圆形。在缠线终点部分涂上黏合剂晾干。

5 组合。用锥子戳大花朵的中心，将雄蕊的铁丝穿至根部。在花朵的根部涂上黏合剂，用花朵编织起点的线头在铁丝上缠上7~8mm。

6 将步骤**5**的铁丝穿入花萼的中心，穿至花朵的缠线终点位置。在铁丝上涂上黏合剂粘贴固定。接着在铁丝上涂上黏合剂，用花萼的线缠上1.5cm左右。

7 叶子分别在铁丝上涂上黏合剂，在根部缠上2~3mm的线。对齐缠线终点位置将3片叶子组合在一起。在铁丝上涂上黏合剂，缠上1cm左右的线。剩下的3片叶子也用相同方法组合在一起。

8 对齐缠线终点位置，将步骤**6**的花朵与一组叶子并在一起。在铁丝上涂上黏合剂，用花萼的线缠上1cm左右。另一组叶子也用相同方法进行组合。

9 将茎部染成黄绿色，晾干后喷上定型喷雾剂。在缠线终点处薄薄地涂上黏合剂。晾干后调整形状，再喷上定型喷雾剂晾干。斜着剪断铁丝和线，在切口处涂上黏合剂晾干。

编织图解

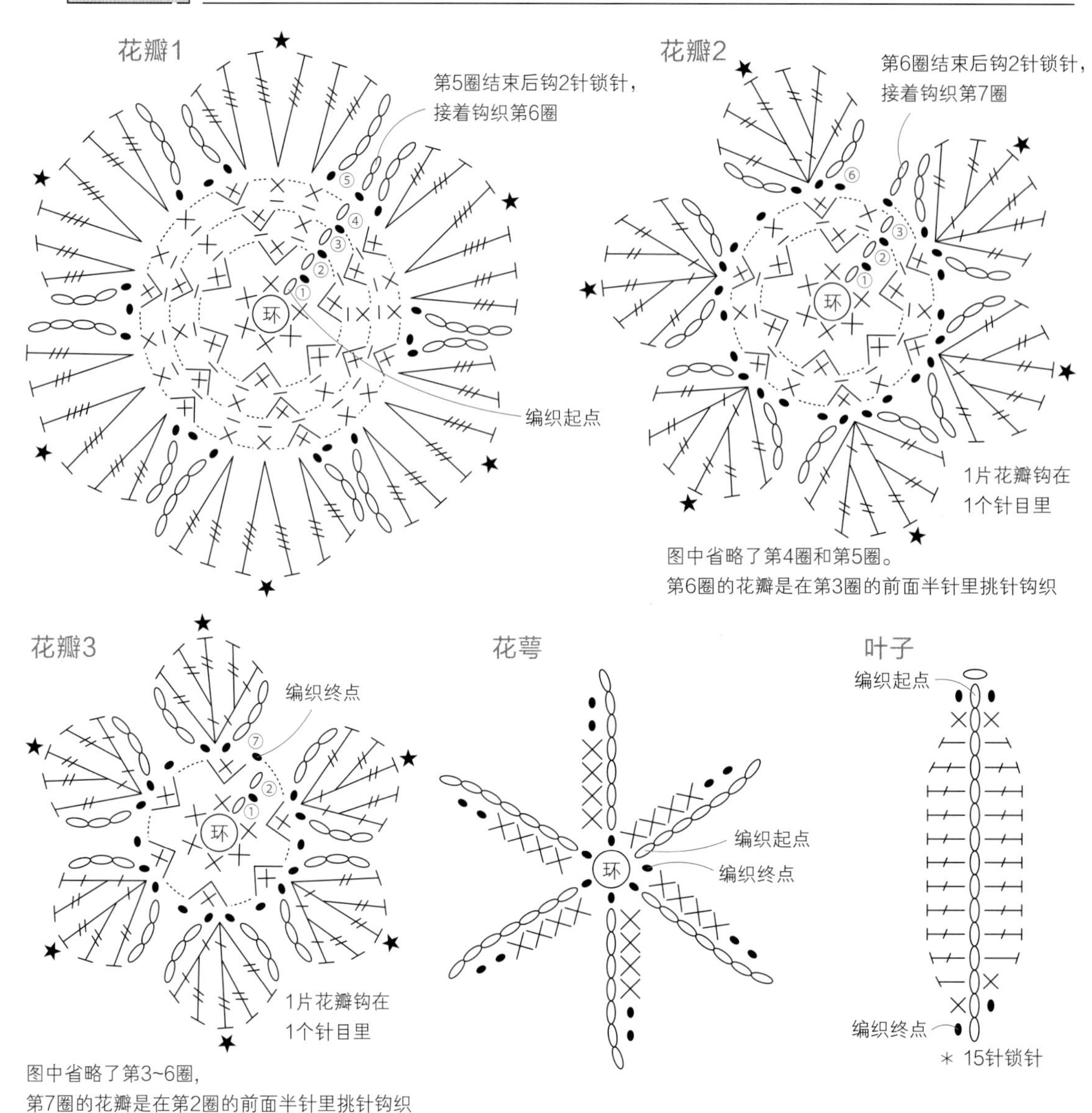

要点 1

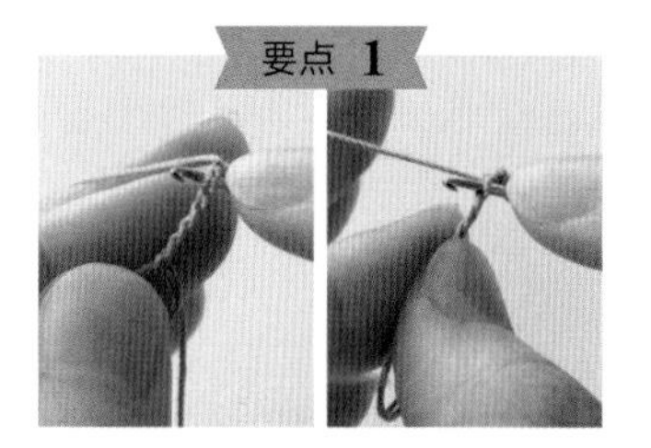

花萼参照p.23环形起针，钩7针锁针。在锁针的2根线（半针和里山）里插入钩针，针头挂线引拔。接着在锁针的1根线（半针）里插入钩针，针头挂线引拔。

要点 2

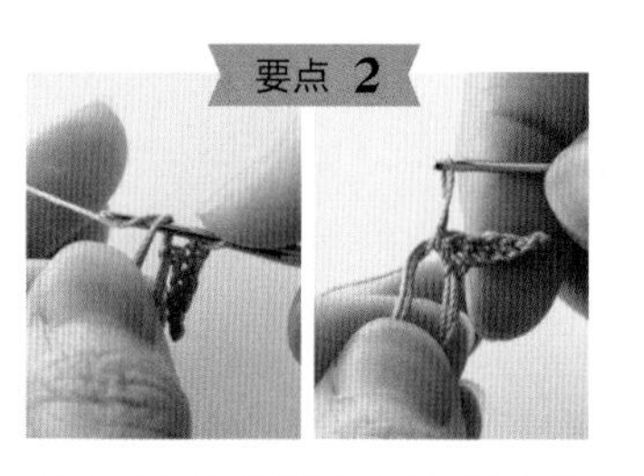

用相同方法在锁针的1根线（半针）里插入钩针，按编织图解钩4针短针。最后在线环中插入钩针，针头挂线引拔。至此，花萼的1片萼片就完成了。用相同方法再钩5片萼片。

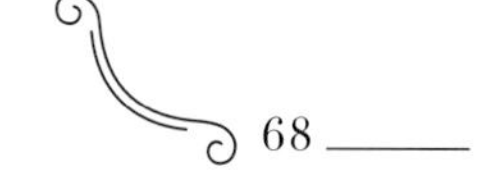

麦穗

尝试钩织了1枝麦粒饱满的麦穗。
本书只有这款作品不是用白色线，
而是用原白色(ECRU)线钩织而成。
先钩织一片一片的花片，
再组合成完整的麦穗形状。

作品图—— p.14
成品尺寸—— 9cm
花片的直径—— 0.5cm
麦芒的长度—— 2.5cm
叶子的长度—— 2cm

材料

DMC Cordonnet Special （ECRU 80号）
纸包花艺铁丝（白色 35号）

制作方法

1 钩织花片。参照p.70的要点**1~4**，按编织图解钩织**6**片或**7**片花片。

2 将花片编织起点的线头穿至正面。用烫花器的烫头调整形状，喷上定型喷雾剂（参照p.70的要点**5**、**6**）。

3 钩织叶子。参照p.23环形起针，按编织图解钩织2片叶子。调整形状后喷上定型喷雾剂。

4 组合。将铁丝剪至20cm，在1片花片的中心以及边上的针目里穿入铁丝，接着依次穿入剩下的花片（参照p.70的要点**7~10**）。

5 所有花片组合完成后，在铁丝的根部涂上黏合剂，缠上5mm左右的线。接着在叶子的中心穿入铁丝，继续缠线（参照p.70的要点**11**、**12**）。另一片叶子也用相同方法组合在一起。

6 在铁丝上涂上黏合剂，缠上1.5~2cm的线。在缠线终点处薄薄地涂上黏合剂。晾干后调整形状，再喷上定型喷雾剂，晾干。斜着剪断铁丝和线，在切口处涂上黏合剂晾干。最后修剪一下花片上多出的线头（麦芒），注意整体形态的均衡性。

编织图解

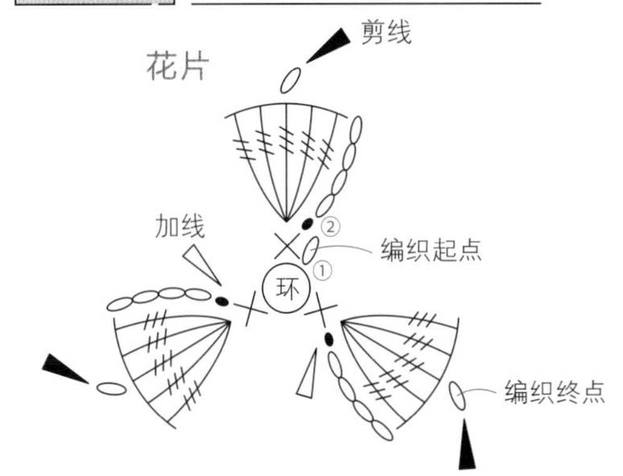

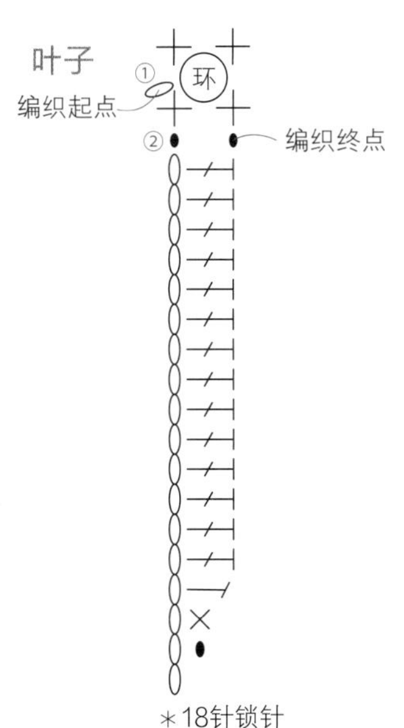

要点 1

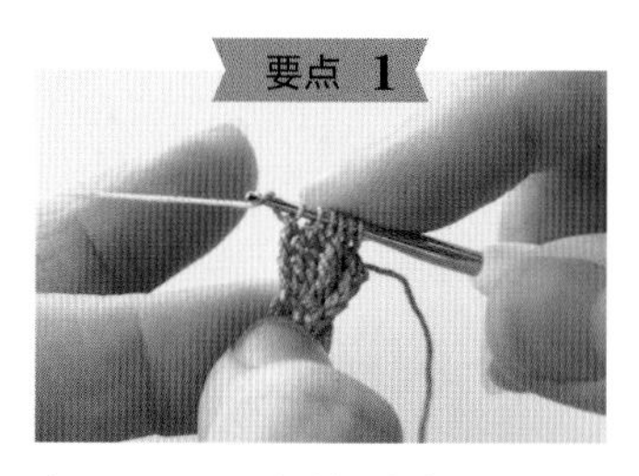

参照p.23环形起针，松松地钩3针短针后收紧线环。按编织图解钩1针引拔针、4针锁针、5针3卷长针并1针。

要点 2

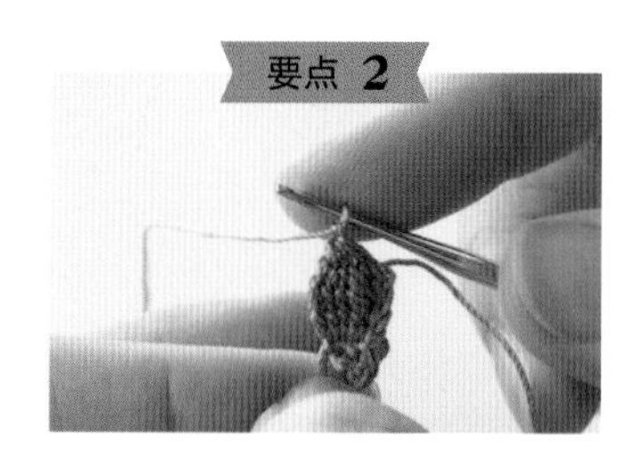

再钩1针锁针。编织终点留出10cm左右的线头剪断，将线拉出。

要点 3

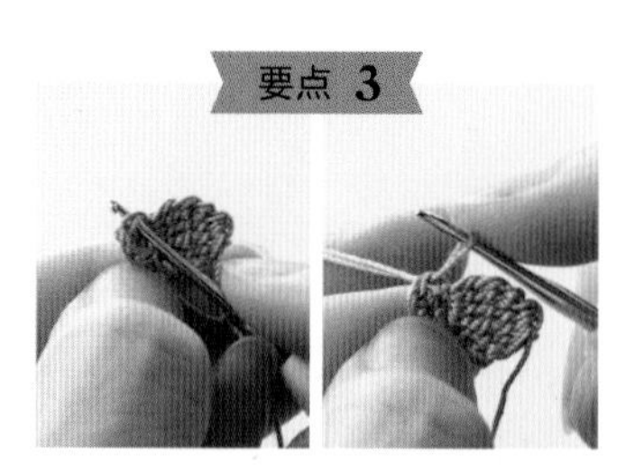

在下一针短针的头部插入钩针，加入新线。编织起点留出40cm左右的线头，针头挂线引拔。用相同方法继续钩织，编织终点留出10cm左右的线头剪断，将线拉出。

要点 4

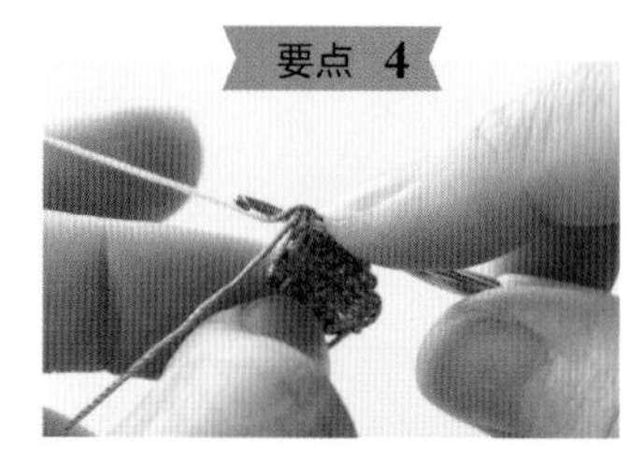

在下一针短针的头部插入钩针，将要点**3**里留出的编织起点的长线头拉出。用相同方法按编织图解钩织，编织终点留出10cm左右的线头剪断，将线拉出。

要点 5

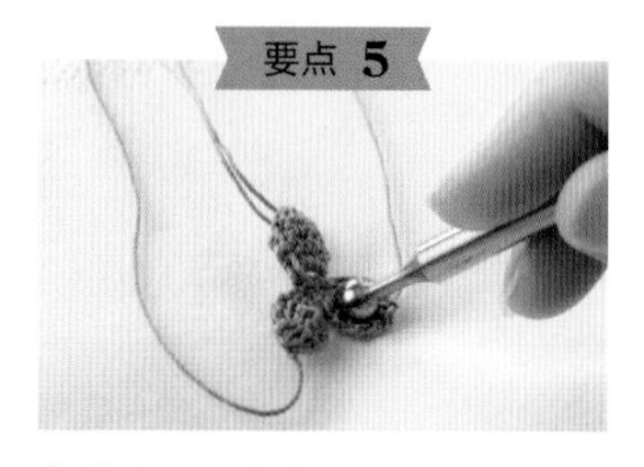

将花片放入水中浸湿，擦干水。将纸巾铺在烫花垫上，再将花片反面朝上放好，用铃兰镘烫头（极小）一边转动一边按压，调整形状。

要点 6

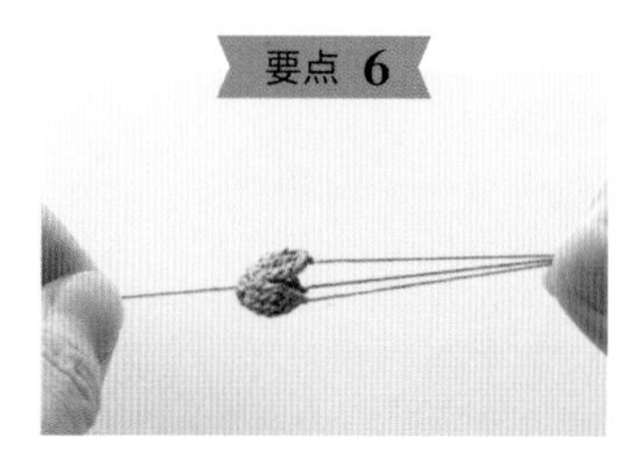

将编织终点的线头向上拉直，喷上定型喷雾剂。用夹子一起夹住暂时固定。

要点 7

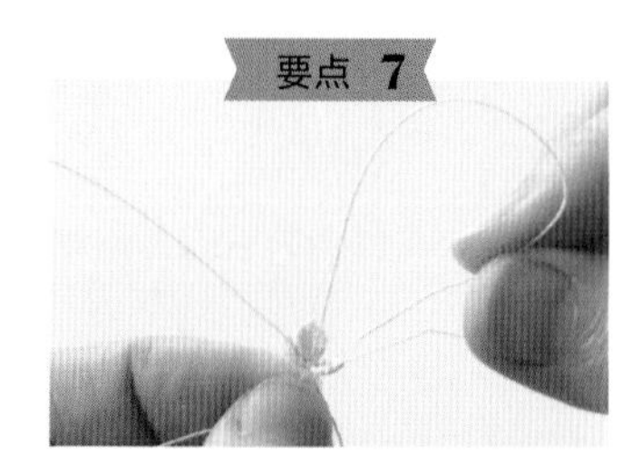

组合。将铁丝剪至20cm，在1片花片的中心以及边上的针目里（共2处）穿入铁丝。

要点 8

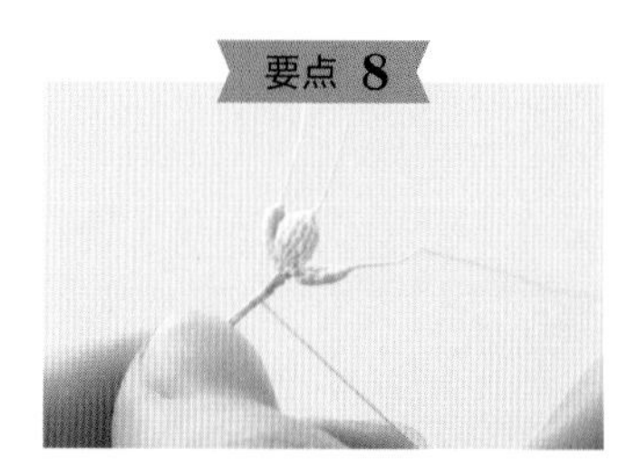

在铁丝的根部涂上黏合剂，缠上6圈左右的线。

要点 9

将2根铁丝穿入第2片花片的中心，在根部剪断第1片花片的线头。

要点 10

在铁丝的根部涂上黏合剂，用第2片花片的线头缠上6圈左右。每次缠好的线头在加入下一片花片后剪断，用相同方法继续组合剩下的花片。

要点 11

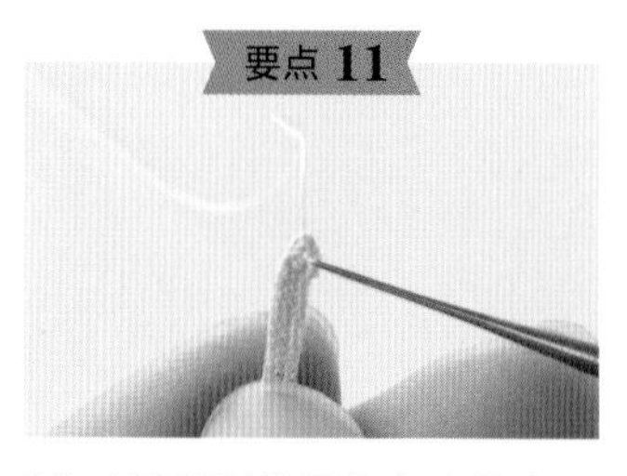

2片叶子都用锥子将中心戳大一点，穿入花片的铁丝。

要点 12

在铁丝的根部涂上黏合剂，缠上5mm左右的线。

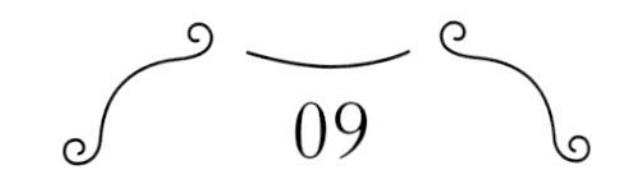

蓟花

自生于山野的蓟花十分朴实，
有带刺的叶子和针状的花序。
与p.38帝王花的花芯类似，
用编织线缠绕并修剪成流苏状，制作成花朵。

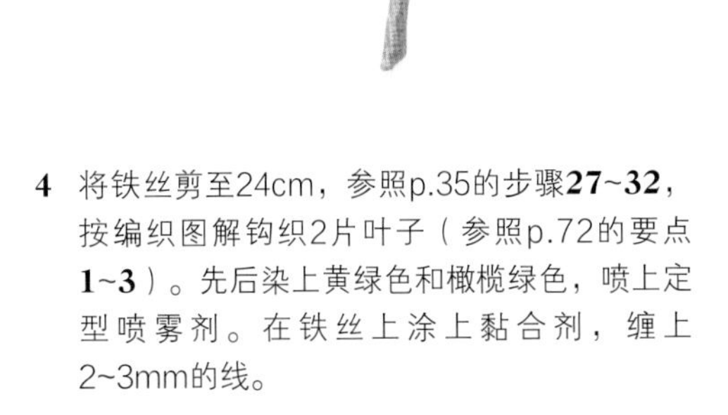

作品图—— p.10
成品尺寸—— 6cm
花的直径—— 1.2cm
花的长度—— 1cm
花萼部分的长度—— 1cm
叶子的长度—— 2cm
上色——将花朵染成玫粉色，
叶子、花萼、茎部先后染上黄绿色和橄榄绿色

DMC Cordonnet Special（BLANC 80号）
纸包花艺铁丝（白色 35号）

制作方法

1 参照帝王花p.43、44的步骤**42~49**，在指尖缠绕60圈左右的线制作花朵。染成玫粉色，晾干后喷上定型喷雾剂。将线分开，调整形状。

2 按编织图解钩织花萼（上层）。第2圈是在第1圈的后面半针里挑针钩织，第3圈是在第1圈的前面半针里挑针钩织。编织终点留出15cm左右的线头剪断，将线头穿入缝针。为了防止线头松散，在针目里穿几次线后紧贴着针脚剪断。

3 按编织图解钩织花萼（下层）。与步骤**2**一样，第2圈是在第1圈的后面半针里挑针钩织，第3圈是在第1圈的前面半针里挑针钩织。编织终点留出30cm左右的线头剪断，将线头从中心穿至正面。染成黄绿色，反面朝上放在烫花垫上。用铃兰镘烫头（大号）调整形状，使正中心向内凹陷，喷上定型喷雾剂。

4 将铁丝剪至24cm，参照p.35的步骤**27~32**，按编织图解钩织2片叶子（参照p.72的要点**1~3**）。先后染上黄绿色和橄榄绿色，喷上定型喷雾剂。在铁丝上涂上黏合剂，缠上2~3mm的线。

5 组合。按花萼（上层）、花萼（下层）的顺序将花朵的铁丝穿入中心，分别在花萼的内侧、花萼与花朵之间涂上黏合剂粘贴固定。再用手指压紧。

6 在花朵的根部、花萼（上层）的内侧涂上少许黏合剂，缠上线（参照p.72的要点**4~6**）。

7 在铁丝上涂上黏合剂，用花萼（下层）的线缠上1cm左右。对齐缠线终点位置将叶子组合在一起。在铁丝上涂上黏合剂，用花萼的线缠上1cm左右。剩下的叶子也用相同方法在合适位置进行组合。

8 给茎部染上黄绿色和橄榄绿色后晾干，喷上定型喷雾剂。在缠线终点处薄薄地涂上黏合剂。晾干后调整形状，再喷上定型喷雾剂晾干。斜着剪断铁丝和线，在切口处涂上黏合剂晾干。

编织图解

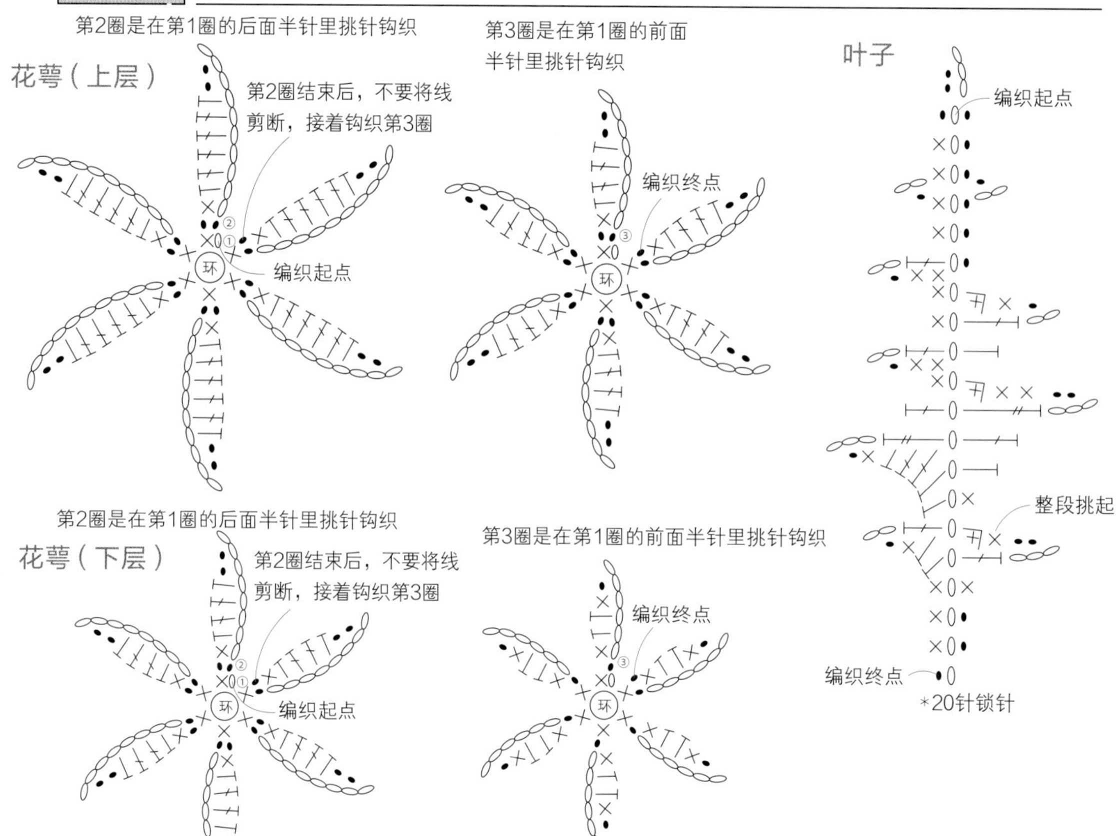

要点 1

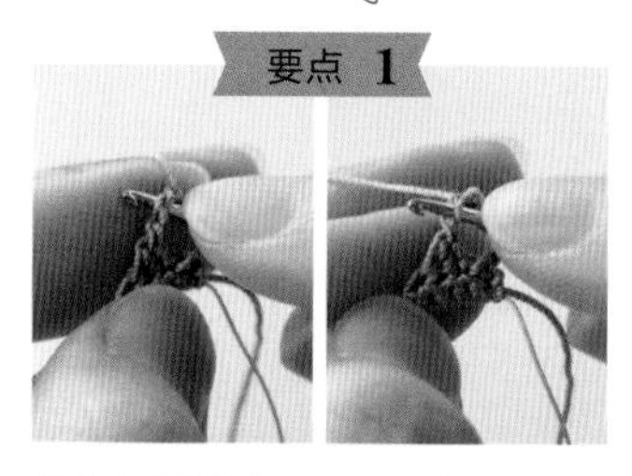

按编织图解钩织叶子。钩织至第1个裂片的3针锁针后，在锁针的2根线里插入钩针引拔。接着在锁针的1根线里插入钩针，同样挂线引拔。

要点 2

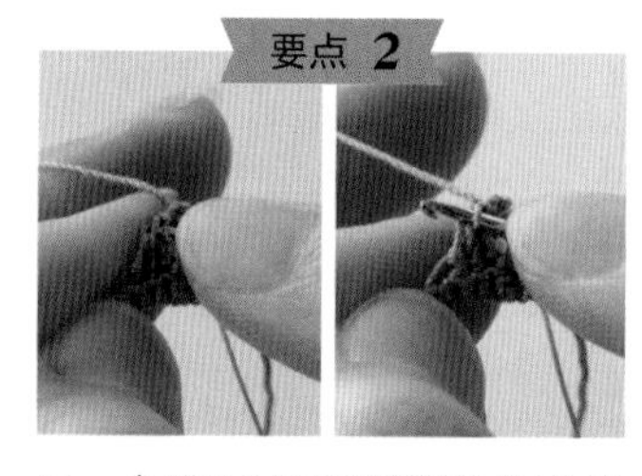

下一个裂片以及顶端裂片的引拔针也用相同方法钩织。钩完2针引拔针后，在长针根部的上面1根线里插入钩针，钩织短针。

要点 3

在长针根部的下面1根线里插入钩针，钩织未完成的短针。接着在铁丝上锁针的后面半针里插入钩针钩织短针，一次性引拔（2针短针并1针）。

要点 4

将花朵与花萼（上层）、花萼（下层）组合在一起后，在花萼（上层）与花朵之间涂上黏合剂。

要点 5

将涂上黏合剂的部分用线扎紧，等晾干后解开线。这样可以形成收拢的效果。

要点 6

用剪刀修剪线。再用镊子调整形状，使线的顶端呈散开的状态。

10

绣球花“万花筒”

这是众多重瓣小花簇拥着绽放的绣球花。
球状花序加上浅蓝色调，
给人一种精致优雅的感觉。
分别钩织3层花瓣后组合在一起，
再现了细腻的层次感。

作品图—— p.7
成品尺寸—— 6cm（横向4.5cm）
花的直径—— 2.5cm
上色——每层花瓣染上水蓝色和群青色，
边缘保留白色。
茎部先后染上黄绿色和橄榄绿色

材料

DMC Cordonnet Special（BLANC 80号）
纸包花艺铁丝（白色 35号）
微珠（珍珠，白色）

制作方法

1 按编织图解分别钩织7片花瓣A、B、C。花瓣A和B的编织终点留出20cm左右的线头剪断。将线头穿入缝针，再将线头穿至反面。为了防止线头松散，在针目里穿几次线后紧贴着针脚剪断。分别将花瓣A、B、C编织起点的线头紧贴着针脚剪断。将花瓣C编织终点的线头穿至反面。

2 参照p.74的制作要点，给前面钩织的花瓣上色。浸湿后，每片小花瓣的边缘保留白色，左侧染成水蓝色，右侧染成群青色。晾干后喷上定型喷雾剂。其他花瓣也用相同方法上色。

3 用锥子在花瓣A中心边上的针目里戳出小孔。将铁丝剪至20cm后对折，在中心以及边上的针目里（共2处）穿入铁丝。接着将铁丝穿入花瓣B的中心。将花瓣的位置相互错开着重叠，仅在中心涂上黏合剂粘贴固定。

4 将铁丝穿入花瓣C的中心。将花瓣的位置相互错开着重叠，仅在中心涂上黏合剂粘贴固定。在铁丝上涂上黏合剂，缠上1cm左右的线。剩下的6组也用相同方法组合成小花。

5 对齐缠线终点位置，将7组小花组合在一起。将形状调整成半球形。在铁丝上涂上黏合剂，缠上3cm左右的线。

6 给茎部染上黄绿色和橄榄绿色后晾干，喷上定型喷雾剂。在小花的中心涂上黏合剂，将微珠粘贴在上面。

7 在缠线终点处薄薄地涂上黏合剂。晾干后调整形状，再喷上定型喷雾剂晾干。斜着剪断铁丝和线，在切口处涂上黏合剂晾干。

编织图解

花瓣A

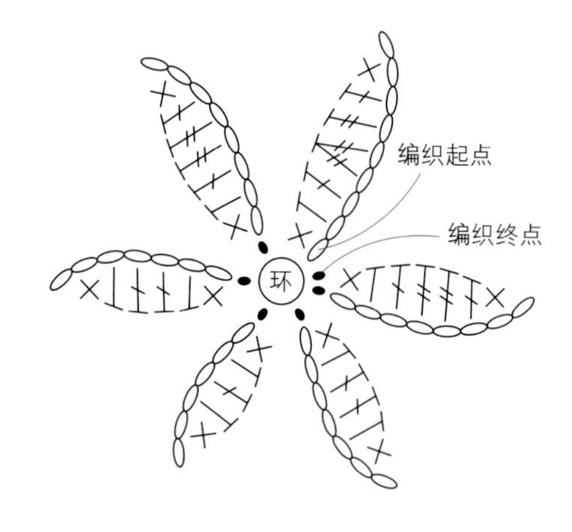

花瓣B

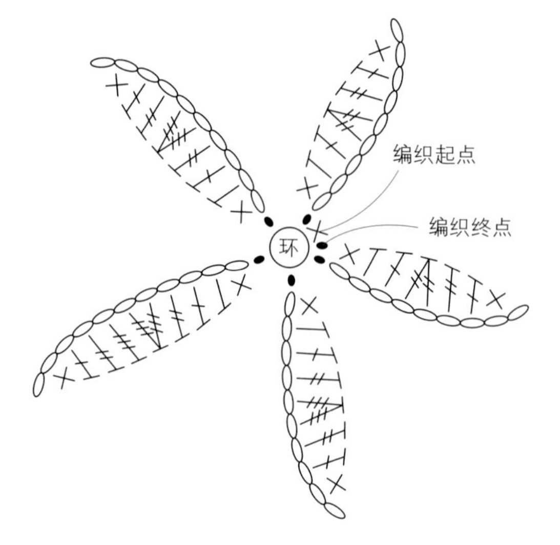

花瓣C

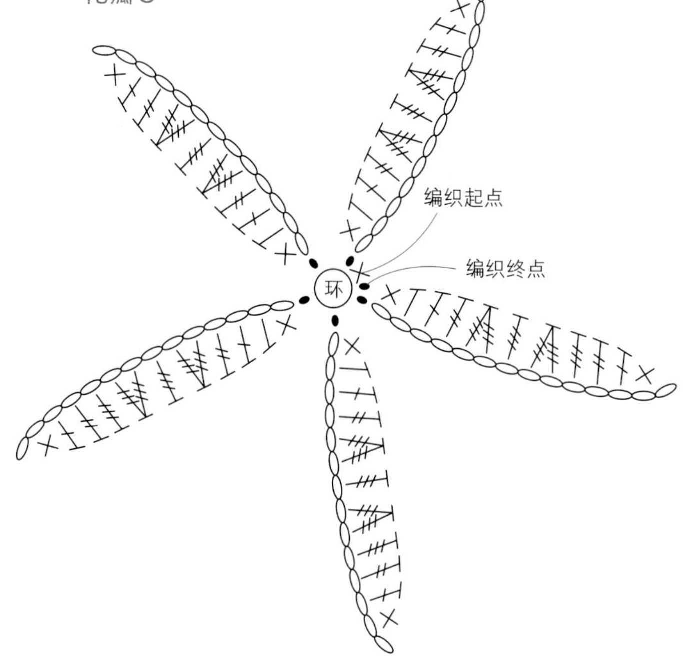

要点

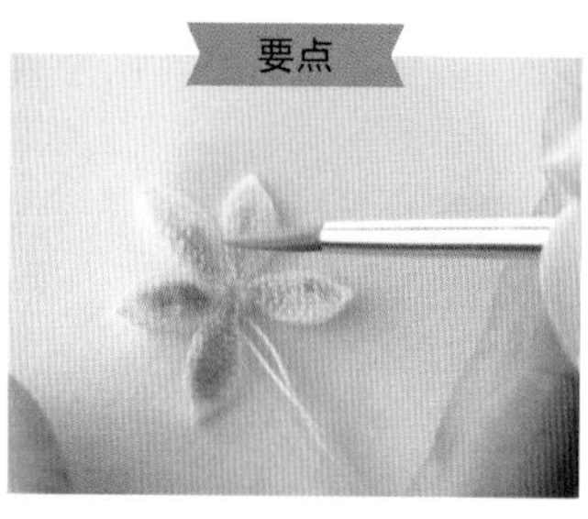

每片小花瓣的边缘保留白色，分别在左侧和右侧上色。最好上完一种颜色再上另一种颜色。

11

蝴蝶兰

花朵优美的姿态宛如蝴蝶飞舞，故取名为“蝴蝶兰”。
在日本，白色和粉红色的蝴蝶兰更为常见，
不过本书作品中用米色和桃红色染成了更为柔和的色调。
组合时，调整茎部的形状，使花朵微微下垂，
再将花朵的正面朝向前方。

作品图—— p.9
成品尺寸—— 4.6cm
花的直径—— 1.6cm
叶子的长度—— 2.3cm
上色——花瓣浅浅地染上桃红色、橙色、米色、黄色。
叶子和茎部先后染上黄绿色和绿色

材料

DMC Cordonnet Special（BLANC 80号）
纸包花艺铁丝（白色 35号）

制作方法

1 钩织花瓣。按编织图解钩织6片花瓣A。第1圈参照p.23环形起针，松松地钩4针短针后收紧线环。编织终点留出20cm左右的线头剪断，将线头穿入缝针，再将线头穿至反面。为了防止线头松散，在针目里穿几次线后紧贴着针脚剪断。将编织起点的线头紧贴着针脚剪断。

2 按编织图解钩织6片花瓣B。第1圈参照p.23环形起针，松松地钩4针短针后收紧线环。2片小花瓣是在前面半针里挑针钩织。编织终点的线头与花瓣A一样处理。

3 按编织图解钩织6片花瓣C。第1圈参照p.23环形起针，松松地钩6针短针后收紧线环。编织终点留出30cm左右的线头剪断，将线头从中心穿至反面。将编织起点的线头紧贴着针脚剪断。

4 给花瓣上色。参照p.76的要点**1**，分别给花瓣上色，晾干后喷上定型喷雾剂。

5 将铁丝剪至20cm，参照p.35的步骤**27~32**，按编织图解钩织3片叶子。染上黄绿色和绿色，再喷上定型喷雾剂。在铁丝上涂上黏合剂，缠上2~3mm的线。

6 组合。参照p.76的要点**2**、**3**，将铁丝穿入花瓣A，再按花瓣B、C的顺序穿入铁丝，在花瓣之间的中心涂上黏合剂粘贴固定。在花朵根部的铁丝上涂上黏合剂，缠上1cm左右的线。用相同方法制作6朵小花。

7 参照p.76的要点**4~6**，对齐缠线终点位置组合小花。一边在铁丝上涂上黏合剂缠线，一边将6朵小花组合在一起。

8 小花组合完成后，在铁丝上涂上黏合剂，缠上4cm左右的线。用镊子调整花朵的形状（参照p.76的要点**5**、**6**）。

9 对齐缠线终点位置组合3片叶子。将3片叶子围住铁丝并在一起，在铁丝上涂上黏合剂，缠上1cm左右的线。

10 给茎部上色。参照帝王花p.45的步骤**68**、**69**处理好茎部，作品就完成了。

编织图解

花瓣A

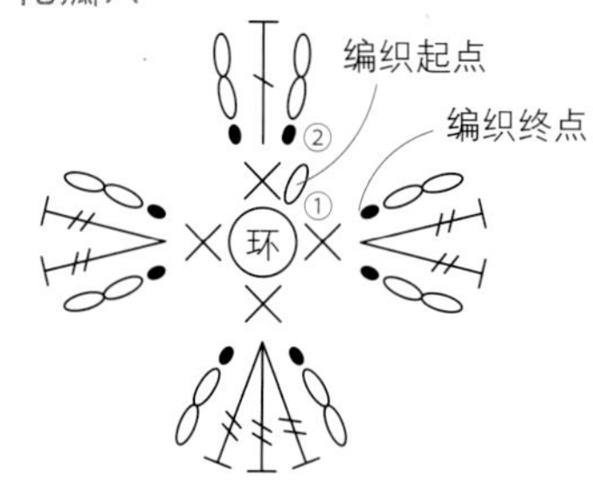

花瓣B

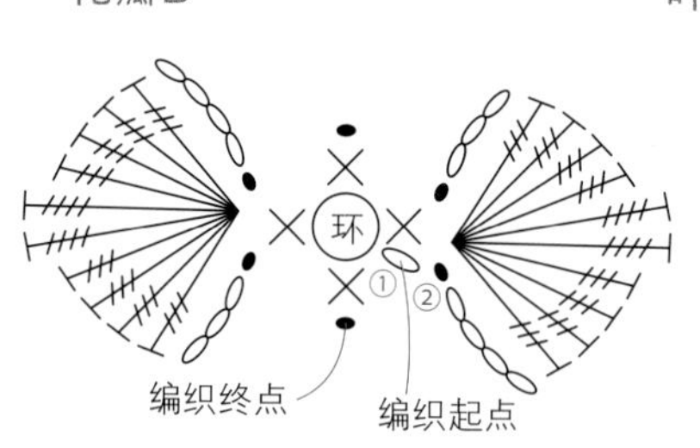

叶子

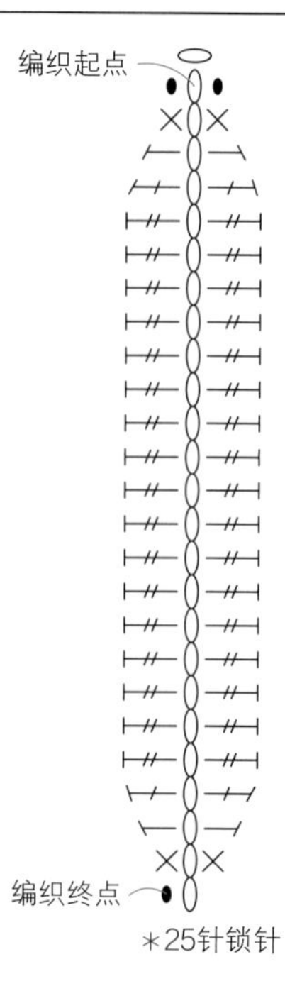

花瓣C

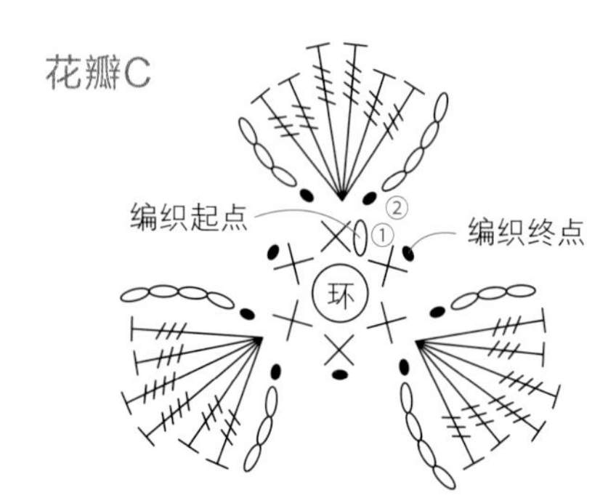

要点 1

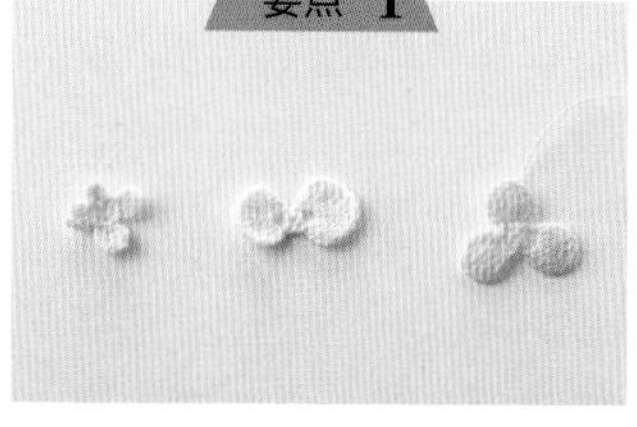

花瓣A整片浅浅地染上桃红色，再将中心染成黄色。花瓣B整片浅浅地染上米色。花瓣C整片先后染上桃红色和橙色。

要点 2

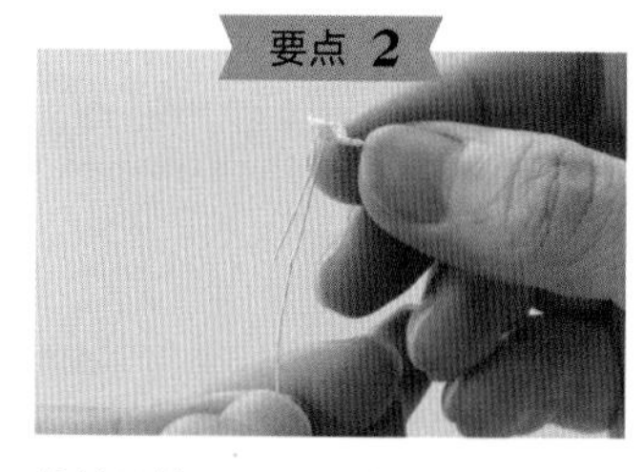

将铁丝剪至20cm，在花瓣A的中心以及与上方花瓣之间的针目里（共2处）穿入铁丝。用力压紧铁丝。

要点 3

按花瓣A、B、C的顺序插入铁丝，花瓣的位置如图所示相互重叠。重叠时，将花瓣A的铁丝穿入花瓣B的中心，在B的中心涂上黏合剂粘贴固定。花瓣C也用相同方法处理。

要点 4

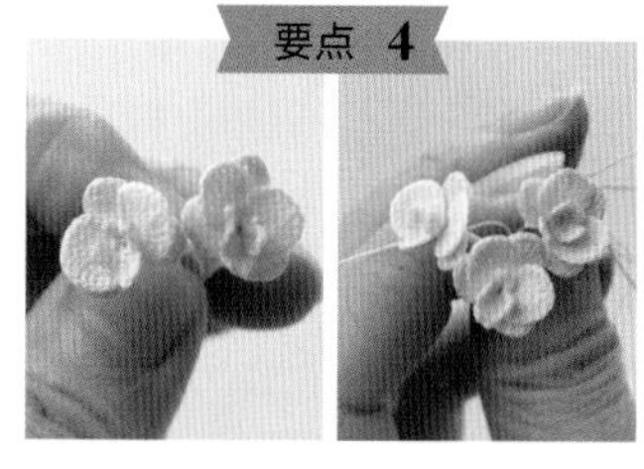

对齐缠线终点位置将2朵小花组合在一起。在铁丝的根部涂上黏合剂，缠上5mm左右的线。接着组合下一朵小花，注意保持同一个方向。

要点 5

所有小花组合完成后，用镊子夹住小花的铁丝根部立起小花。

要点 6

调整形状，使小花的正面朝前。

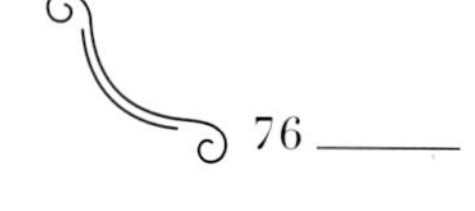

条纹海葱

早春时节，条纹海葱就会绽放可爱的小花。
这是球根植物，有很多种类。
白色花瓣上有淡淡的蓝色条纹。
将6朵小花组合在一起，
再在铁丝上缠线制作出球根部分。

作品图—— p.6
成品尺寸—— 6.5cm
花的直径—— 1.3cm
花芯的直径—— 0.3cm
叶子的长度——（大）2.3cm，（小）1.8cm
上色——花瓣的中心染上蓝色，
叶子和茎部先后染上黄绿色和绿色。
再将球根的一部分染成褐色

材料

DMC Cordonnet Special（BLANC 80号）
纸包花艺铁丝（白色 35号）
刺绣线 DMC 25（白色）
玻璃微珠适量

制作方法

1 按编织图解钩织6朵花。编织终点留出20cm左右的线头剪断，将线头穿入缝针，再将线头穿至反面。为了防止线头松散，在针目里穿几次线后紧贴着针脚剪断。将编织起点的线头紧贴着针脚剪断。

2 将花朵浸湿后调整形状，晾干后喷上定型喷雾剂，上色（参照p.78的要点**1**）。

3 按编织图解钩织6个花芯。

4 将铁丝剪至20cm，参照p.35的步骤**27~32**，按编织图解钩织2片叶子（大）、1片叶子（小）。染上黄绿色和绿色后晾干，再喷上定型喷雾剂。在铁丝上涂上黏合剂，缠上2~3mm的线。

5 将铁丝剪至12cm，再将一端弯出小圆环（参照p.78的要点**2**）。

6 组合。参照p.78的要点**3**，将步骤**5**的铁丝依次穿入花芯和花朵，涂上黏合剂粘贴固定。接着在铁丝上涂上黏合剂，缠上1cm左右的线。用相同方法制作6朵小花。

7 参照p.78的要点**4**，对齐缠线终点位置将小花组合在一起。

8 对齐缠线终点位置，组合叶子（大）。一边在铁丝上涂上黏合剂，一边缠上2mm左右的线。剩下的叶子也用相同方法组合在一起，使3片叶子围住铁丝。在铁丝上涂上黏合剂，缠上1cm左右的线。

9 参照p.78的要点**5**，用2根刺绣线制作球根。

10 缠出圆鼓鼓的形状后，保留线，剪断所有铁丝（参照p.78的要点**6**）。

11 给茎部上色，再将球根的一部分染成褐色，晾干。晾干后调整形状，再喷上定型喷雾剂，晾干。调整形状，使球根下方的线头呈卷曲状态。

12 在小花的中心涂上黏合剂，将玻璃微珠粘贴在上面。

编织图解

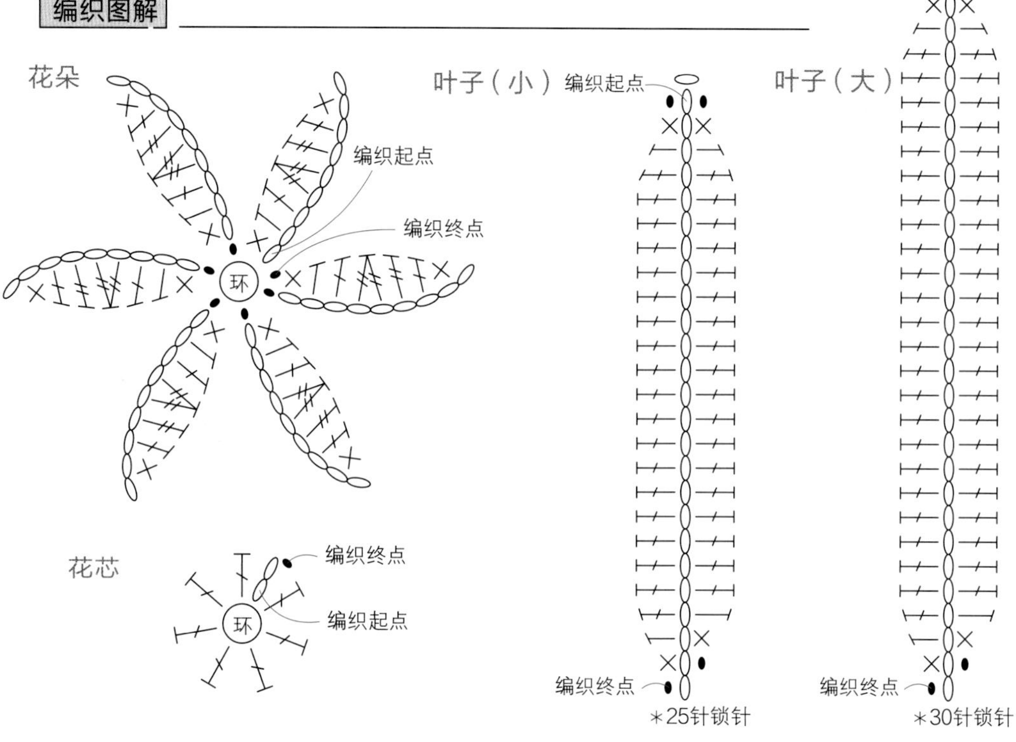

要点 1

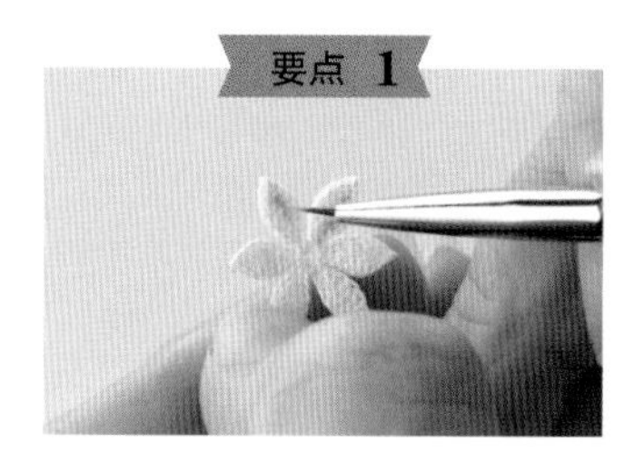

将小花浸湿后调整形状，晾干后喷上定型喷雾剂。等完全晾干后，用蓝色画出条纹。喷上定型喷雾剂后再染色可以避免颜色晕开。

要点 2

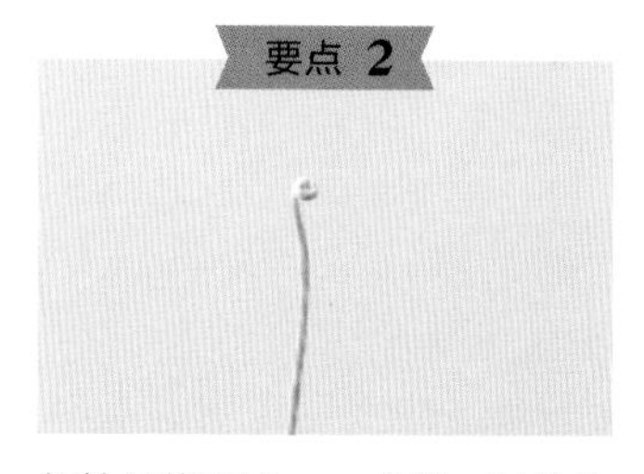

将铁丝剪至12cm，参照p.34的步骤**14~17**将铁丝的一端弯出小圆环。

要点 3

将步骤**5**的铁丝穿入花芯的中心，在花芯上涂上黏合剂固定。再将铁丝穿入小花的中心，涂上黏合剂粘贴固定。

要点 4

先将2朵小花组合在一起。在铁丝上涂上黏合剂，缠上5mm左右的线，接着用相同方法组合剩下的小花。在铁丝上涂上黏合剂，缠上5mm左右的线。

要点 5

在缠线部分往下1cm左右的铁丝上涂上黏合剂，将刺绣线的线头与铁丝一起捏住，开始来回缠线制作球根。线快用完时，用相同方法加入新线，包住线头继续缠线。

要点 6

当球根缠成圆鼓鼓的形状后，保留编织线和刺绣线，剪断所有铁丝。

13

鸢尾

鸢尾有很多品种。
分别钩织单片的花瓣，
然后组合在一起，调整花姿。
大片的叶子是在铁丝上缠线制作而成。
本书作品中给花朵染上了蓝色和黄色，
大家可按自己喜欢的颜色进行染色。

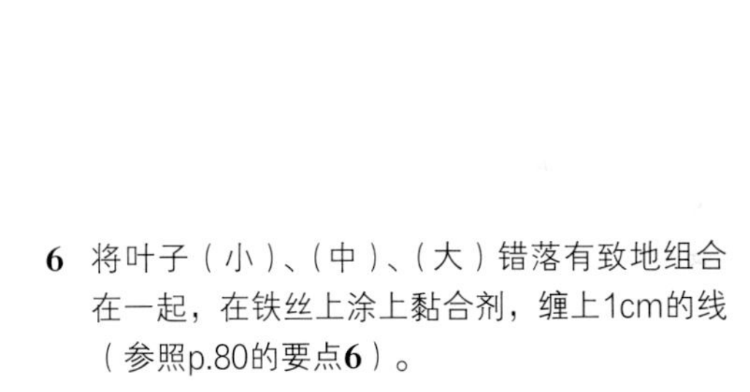

作品图—— p.6
成品尺寸—— 6cm
花的直径—— 2.3cm
叶子的长度——（大）2cm，（中）1.1cm，（小）0.8cm
上色——花瓣染上蓝色、群青色、黄色，
叶子和茎部染上黄绿色和绿色。
再将球根染成褐色

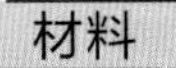

材料

DMC Cordonnet Special（BLANC 80号）
纸包花艺铁丝（白色 35号）
刺绣线 DMC 25（白色）

制作方法

1 将铁丝剪至12cm，参照p.35的步骤**27~32**，按编织图解分别钩织3片花瓣A、B、C（参照p.80的要点**1**）。将铁丝对折时，不是在正中间对折，弯折的一端稍微短一点。将编织起点的线头紧贴着针脚剪断。编织终点留出20cm左右的线头剪断，较短的铁丝在根部剪断。

2 按编织图解分别钩织1片叶子（小）和叶子（中）。染上黄绿色和绿色后，喷上定型喷雾剂。

3 在铁丝上缠线制作叶子（大）（参照p.80的要点**2**）。染上黄绿色和绿色后，喷上定型喷雾剂。

4 分别将花瓣A、B、C浸湿后上色（参照p.80的要点**3**）。晾干后喷上定型喷雾剂。

5 参照p.80的要点**4**、**5**，组合花朵。在铁丝上涂上黏合剂，缠上1cm的线。将短的线头剪断。

6 将叶子（小）、（中）、（大）错落有致地组合在一起，在铁丝上涂上黏合剂，缠上1cm的线（参照p.80的要点**6**）。

7 参照条纹海葱（p.78的要点**5**、**6**），用2根刺绣线制作球根。缠出圆鼓鼓的形状后，保留线，剪断所有铁丝（参照p.78的要点**6**）。

8 给茎部染上黄绿色和绿色，再将球根染成褐色，晾干。等晾干后调整形状，再喷上定型喷雾剂，晾干。调整形状，使球根下方的线头呈卷曲状态。

编织图解

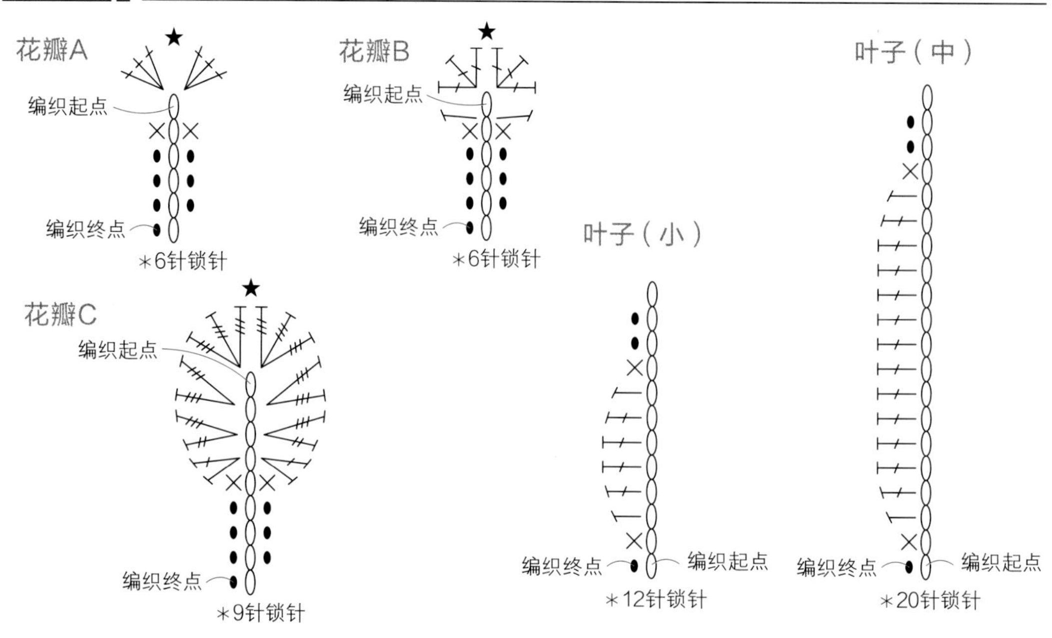

要点 1

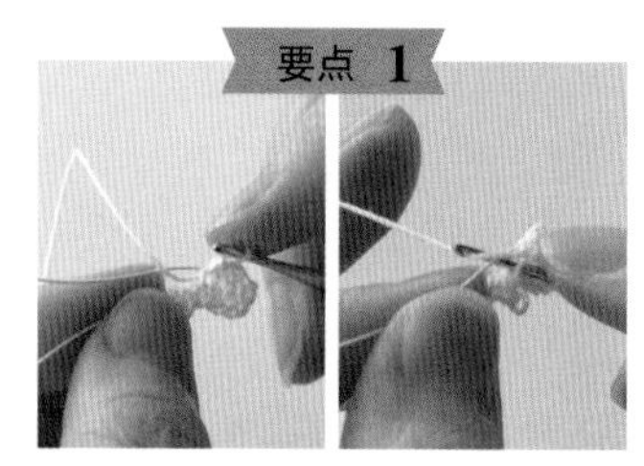

编织图解中上端的圆形部分完成后，接着钩1针短针。在铁丝上绕1次线，在剩下的半针和铁丝的下方插入钩针，钩织引拔针。后面3针也用相同方法钩织。这样可以隐藏弯折的铁丝。

要点 2

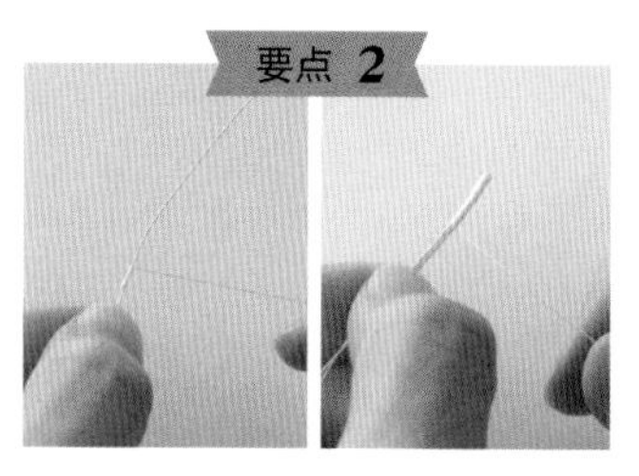

将铁丝剪至20cm，在中心涂上黏合剂，缠上1cm左右的线。将缠线部分在正中心对折，涂上黏合剂，再缠上2cm左右的线制作叶子。

要点 3

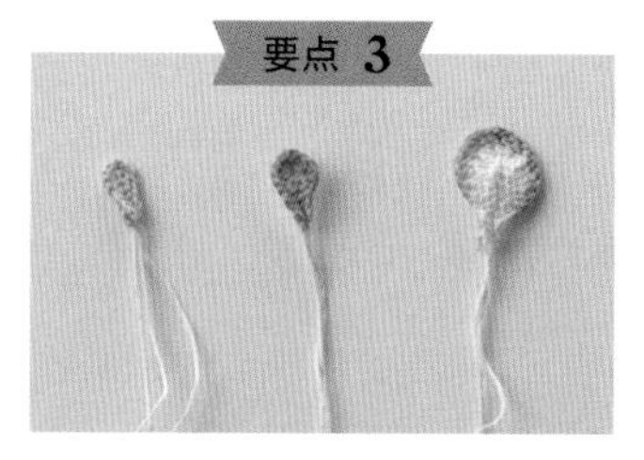

分别将花瓣浸湿，花瓣A浅浅地染上蓝色。花瓣B先后染上蓝色和群青色。花瓣C在边缘染上群青色，在中心染上黄色。

要点 4

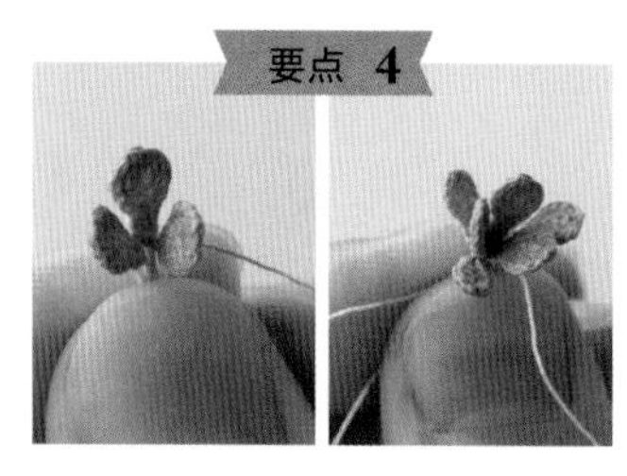

将3片花瓣B组合在一起，在铁丝上涂上黏合剂，缠上2圈线。将3片花瓣A分别夹在花瓣B之间，在铁丝上涂上黏合剂，缠上2圈线。

要点 5

如图所示将3片花瓣C组合在一起。

要点 6

按小、中、大的顺序组合叶子。对齐缠线终点位置进行组合。在铁丝上涂上黏合剂，缠上1cm左右的线。剩下的叶子也用相同方法错落有致地组合在一起。

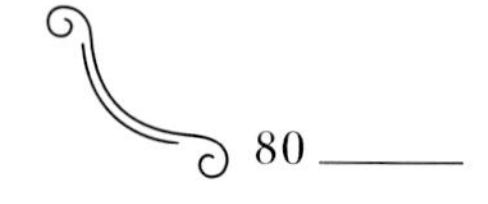

鹿角蕨

鹿角蕨是原产于热带地区的附生蕨类植物，
也叫作“蝙蝠兰”。
自然环境下它是将根系攀附在树木上生长。
人们也可以使用木板和软木等附生基质进行栽培。
用蕾丝线钩织作品时，也非常适合制作成框画。

作品图—— p.8
成品尺寸—— 3cm
孢子叶的横向长度—— 3cm
营养叶的直径—— 1.5cm
上色——染上黄绿色和绿色

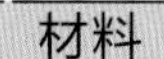

DMC Cordonnet Special（BLANC 80号）
纸包花艺铁丝（白色 35号）
相框、内衬、布料

1 将铁丝剪至12cm，参照p.35的步骤**27~32**，按编织图解钩织2片孢子叶。编织图解右侧第1个裂片完成后的引拔位置参照p.82的要点**1~4**钩织。将编织起点的线头紧贴着针脚剪断。编织终点留出20cm左右的线头剪断，将线头穿入缝针。为了防止线头松散，在针目里穿几次线后紧贴着针脚剪断。

2 将整片孢子叶浸湿后染成黄绿色。靠近根部的部分染成绿色。调整形状（参照p.82的要点**5**），喷上定型喷雾剂。

3 按编织图解钩织1片营养叶（小）、2片营养叶（大）。在中心插入锥子戳出小孔，编织起点的线头与孢子叶一样处理。

4 将整片营养叶浸湿后染成黄绿色。靠近根部的部分染成绿色。将纸巾铺在烫花垫上，再将营养叶反面朝上放好，用铃兰镘烫头（大号）压出弧度。喷上定型喷雾剂。

5 组合。将2片孢子叶并在一起，在营养叶（小）的中心穿入铁丝，再穿入1片营养叶（大）的中心。在营养叶（大）的正面中心涂上黏合剂粘贴固定。剩下的营养叶（大）也用相同方法固定，调整形状（参照p.82的要点**6**）。

6 参照p.58、60，用布料包住内衬，制作框画的基底。参照下面的说明将鹿角蕨固定在基底上。

框画的制作方法

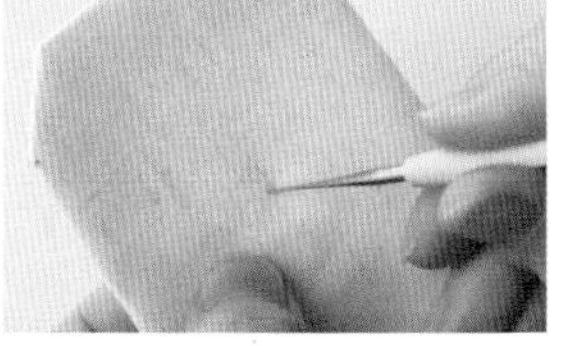

用布料包住内衬制作成基底，确定鹿角蕨的位置后，用锥子在2处戳出小孔。

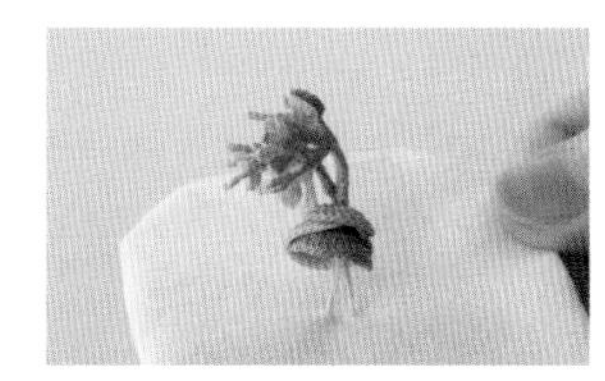

将铁丝分成2根1组，分别穿入戳出的2个小孔中，穿至铁丝的根部。

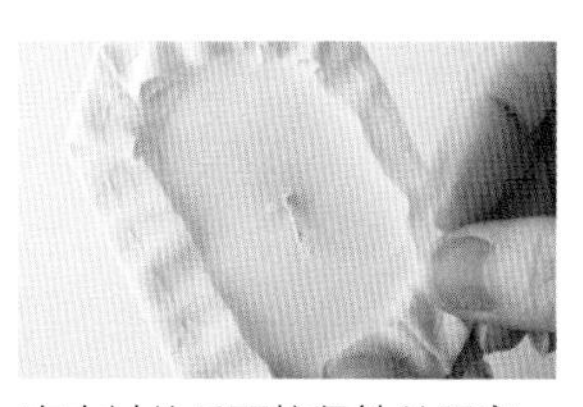

在内衬的反面拧紧铁丝固定，剪掉多余的铁丝。

编织图解

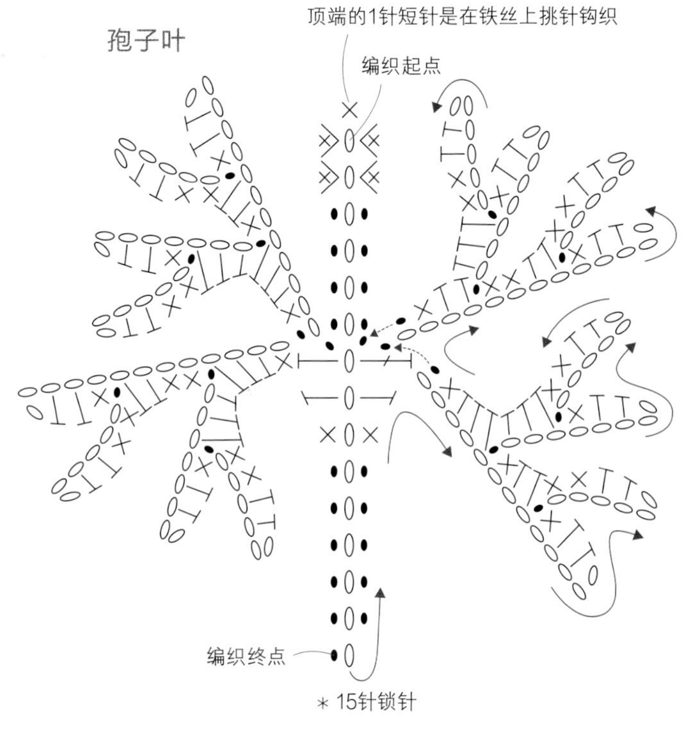

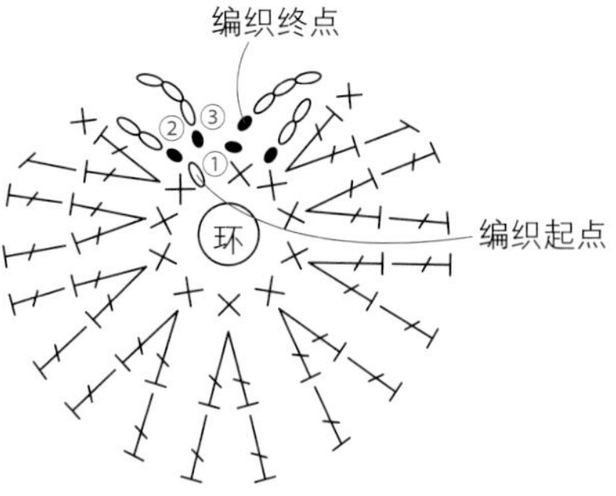

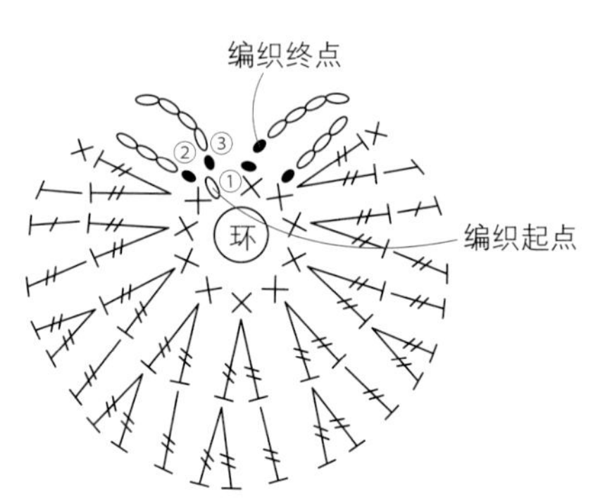

要点 1

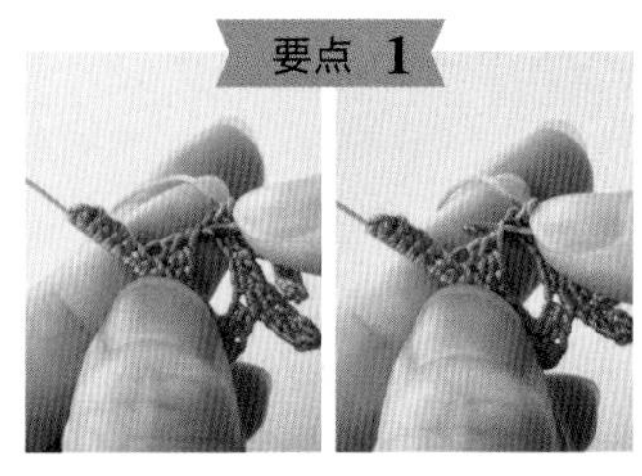

编织图解右侧的第1个裂片钩完最后1针短针后，在锁针头部的1根线里插入钩针，针头挂线引拔。

要点 2

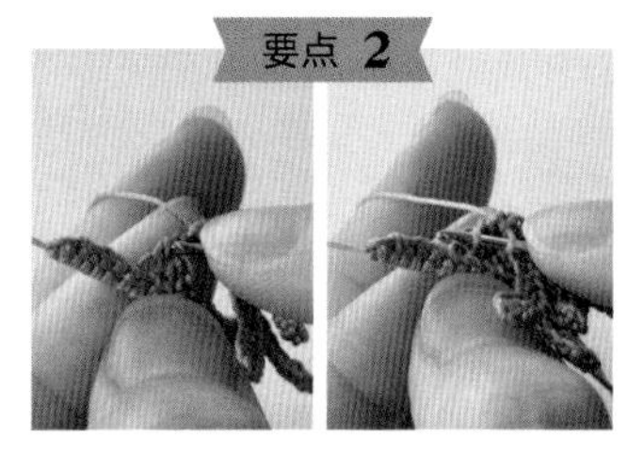

接着在长针根部的1根线里插入钩针，针头挂线引拔。

要点 3

编织图解右侧的第2个裂片钩完最后1针短针后，与要点**1**一样在锁针头部的1根线里插入钩针引拔。接着在钩入长针的同一个针目里插入钩针，针头挂线引拔。

要点 4

钩织至编织图解上侧的顶部时，将包在针目里的铁丝稍微拉出一点，露出铁丝对折的小圆环。在圆环中插入钩针，针头挂线，从圆环中将线拉出，钩1针短针。

要点 5

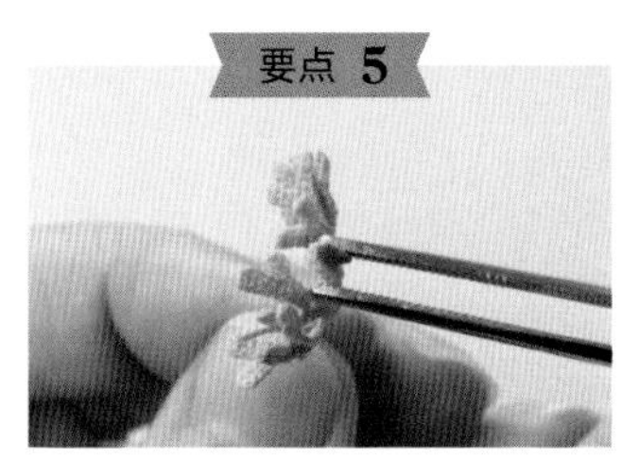

孢子叶分别将铁丝向后侧弯折，调整成弧形。孢子叶的裂片也用镊子调整一下形状。

要点 6

将营养叶重叠在一起，调整形状，分别错开一点位置。

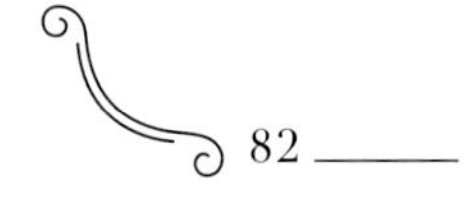

15

合欢花

鲜艳的粉红色花朵宛如毛刷，
绽放在夏日的傍晚。
一到夜晚，叶子慢慢闭合，
仿佛进入了睡眠，因此得名。
花朵是用线缠成流苏状制作而成。

作品图—— p.10
成品尺寸—— 9cm
花的长度—— 2cm
叶子的长度—— 2.5cm
上色——将花朵染成粉红色，
叶子、花萼、茎部染上黄绿色和绿色

材料

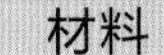

DMC Cordonnet Special（BLANC 80号）
纸包花艺铁丝（白色 35号）

制作方法

1 参照帝王花p.43、44的步骤**42~49**，在指尖缠绕30圈左右的线，制作花朵。缠在线束根部的线等黏合剂晾干后解开。为了防止线束散开，在线束内侧也涂上黏合剂。用剪刀剪开线圈，将长度修剪至2~2.5cm。

2 喷上定型喷雾剂，用纸巾轻轻地擦拭。捏住铁丝部分，花朵朝下旋转。这样可以使线束呈现微微打开的状态。将顶端染成粉红色（参照p.84的要点**1**）。用相同方法一共制作8束。

3 按编织图解钩织2片花萼。将编织起点的线头紧贴着针脚剪断。编织终点留出20cm左右的线头剪断，从中心穿至反面。染上黄绿色和绿色，晾干后喷上定型喷雾剂。

4 将铁丝剪至20cm，参照p.35的步骤**27~32**，按编织图解钩织6片叶子。编织图解上侧的顶部，在铁丝上引拔的位置参照鹿角蕨p.82的要点**4**钩织。将编织起点的线头紧贴着针脚剪断。染上黄绿色和绿色，再喷上定型喷雾剂。在铁丝上涂上黏合剂，在根部缠上2~3mm的线。

5 参照p.84的要点**2**、**3**，组合花朵和花萼，制作2组。对齐缠线终点位置组合在一起，缠上5mm左右的线。

6 对齐缠线终点位置，将2片叶子组合在一起。在铁丝上涂上黏合剂，缠上1.5cm左右的线。剩下的叶子也用相同方法错落有致地组合在一起。

7 6片叶子组合完成后，再与前面组合好花萼的花朵对齐缠线终点位置，在铁丝上涂上黏合剂，缠上2cm左右的线。

8 给茎部染上黄绿色和绿色后晾干，再喷上定型喷雾剂。在缠线终点处薄薄地涂上黏合剂。晾干后调整形状，再喷上定型喷雾剂晾干。斜着剪断铁丝和线，在切口处涂上黏合剂晾干。

编织图解

叶子

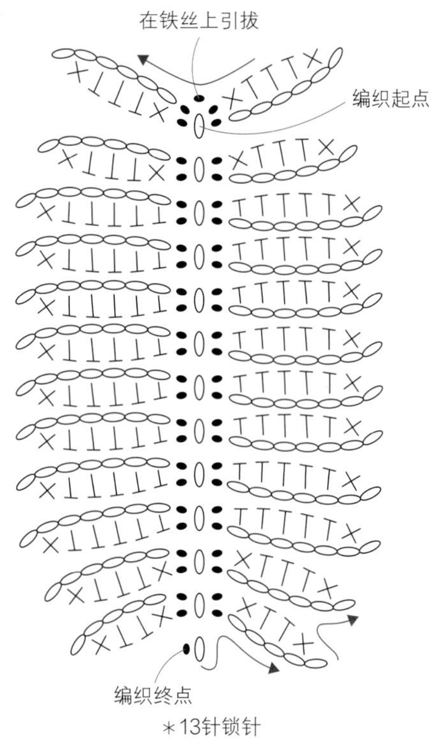

花萼

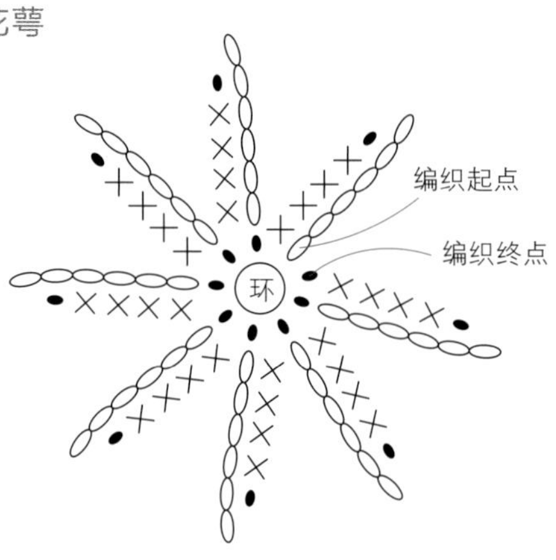

要点 1

花朵的线束在喷上定型喷雾剂后染成粉红色。根部无须上色，保留白色。

要点 2

在花萼的中心插入锥子，戳出小孔。将4组花束并在一起，将铁丝穿入花萼的中心。

要点 3

分别在花萼的顶端涂上黏合剂粘贴固定。在花萼根部的铁丝上涂上黏合剂，用花萼的线缠上1~1.5cm。

16

棉花

虽然叫作“棉花”，
其实是果实成熟后破裂吐出的棉毛。
松软的棉毛部分是用羊毛毡的技法制作的。
虽然简单，却极具存在感。
本书只有这款作品使用了羊毛毡的戳针。

作品图—— p.11
成品尺寸—— 10cm
棉毛、棉花壳的直径—— 1~1.3cm
上色——将棉花壳和枝条染成褐色

材料

DMC Cordonnet Special（BLANC、ECRU 80号）
纸包花艺铁丝（白色 35号）
用于制作羊毛毡的羊毛

制作方法

1 参照p.86的要点**1~4**，用羊毛毡的技法制作5个棉毛部分。

2 用原白色线（ECRU），按编织图解钩织棉花壳A1片、B2片、C2片。将编织起点的线头紧贴着针脚剪断。编织终点留出30cm左右的线头剪断，穿至正面。

3 将棉花壳染成褐色。调整成可以包住棉毛的形状，再喷上定型喷雾剂晾干。

4 将铁丝剪至20cm，在棉毛中心部分的2处穿入铁丝（参照p.86的要点**5**、**6**）。剩下的4个也用相同方法处理。

5 参照p.86的要点**7**，将棉毛和棉花壳组合在一起。剩下的4组也用相同方法进行组合。

6 参照p.86的要点**8**制作枝条上的结节。用相同方法再制作6个结节。

7 参照p.86的要点**9**，将步骤**5**组合后的棉花壳与结节组合在一起。剩下的几组也用相同方法错落有致地组合在一起。

8 将枝条染成褐色后晾干，再喷上定型喷雾剂。在缠线终点处薄薄地涂上黏合剂，晾干后调整形状，再喷上定型喷雾剂晾干。斜着剪断铁丝和线，在切口处涂上黏合剂晾干。

编织图解

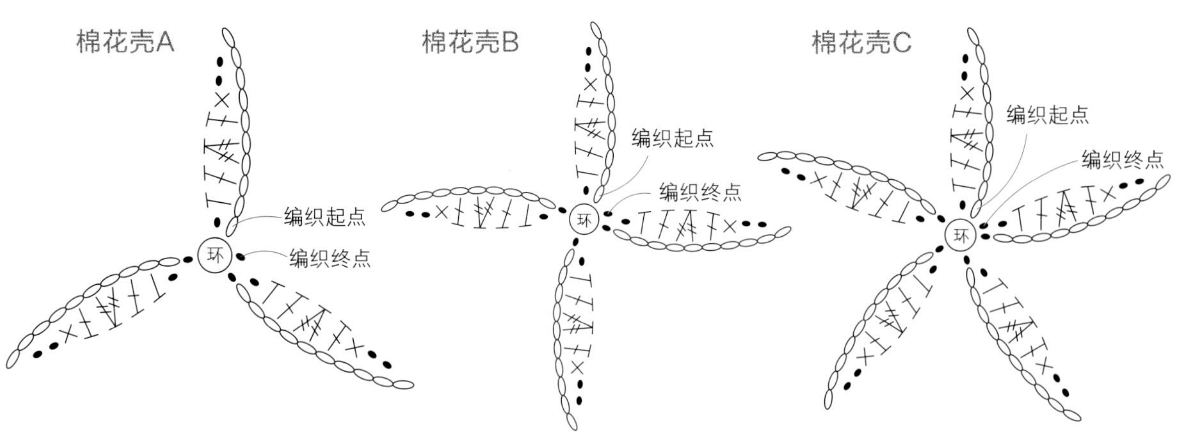

要点 1

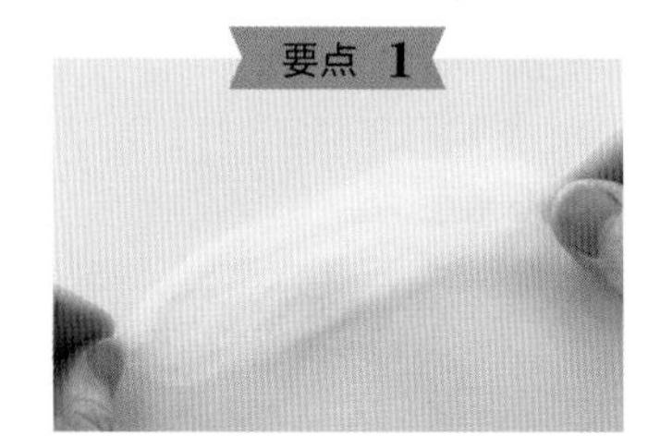

取少量羊毛（参照图示）。

要点 2

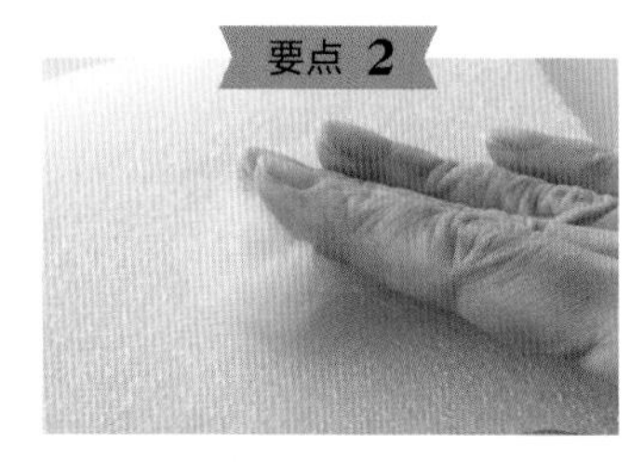

将羊毛放在羊毛毡工作台上，用手指将羊毛揉成球形。

要点 3

差不多揉成球形后，用戳针将羊毛向中心穿刺。将中间部分戳成下凹的状态，大小戳成1~1.3cm。

要点 4

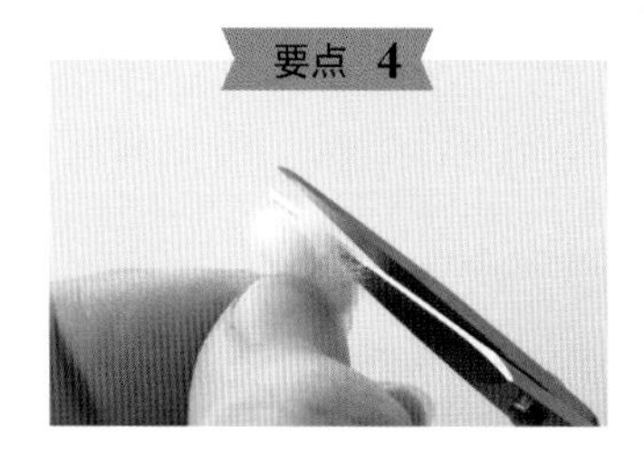

用剪刀修剪反面的绒毛，调整形状。

要点 5

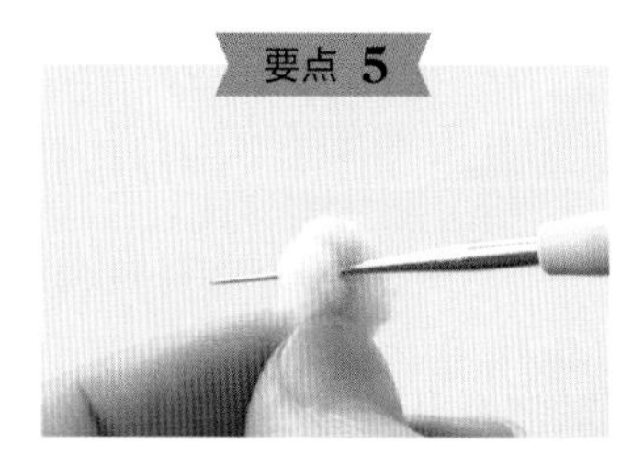

在中心插入锥子，戳出2个小孔。

要点 6

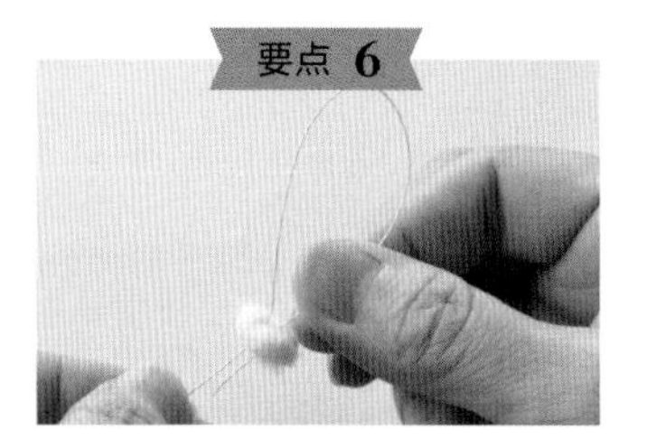

将铁丝剪至20cm，穿入2个小孔，在铁丝的中心对折。

要点 7

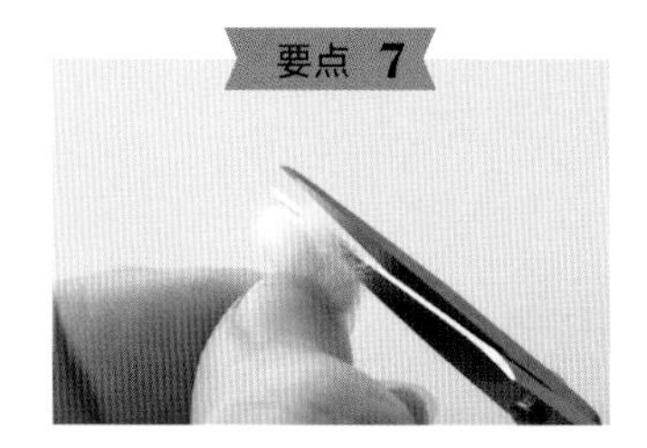

将棉毛上的铁丝穿入棉花壳的中心，在棉花壳正面的尖端涂上黏合剂粘贴固定。在根部的铁丝上涂上黏合剂，缠上1cm左右的线。

要点 8

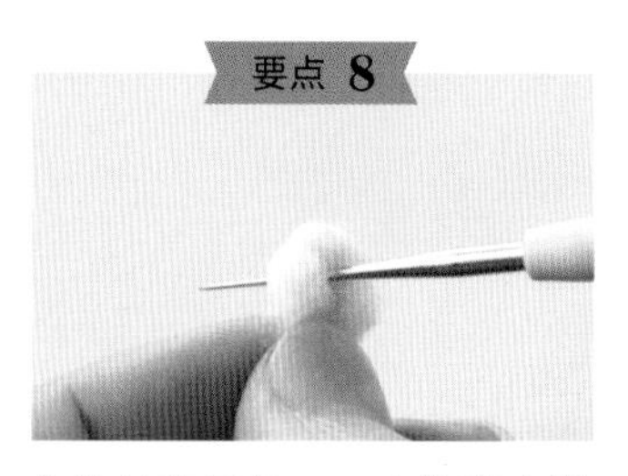

将铁丝剪至12cm，在距离末端5mm左右的位置涂上黏合剂，缠上1cm的线。将缠线部分在中心对折。

要点 9

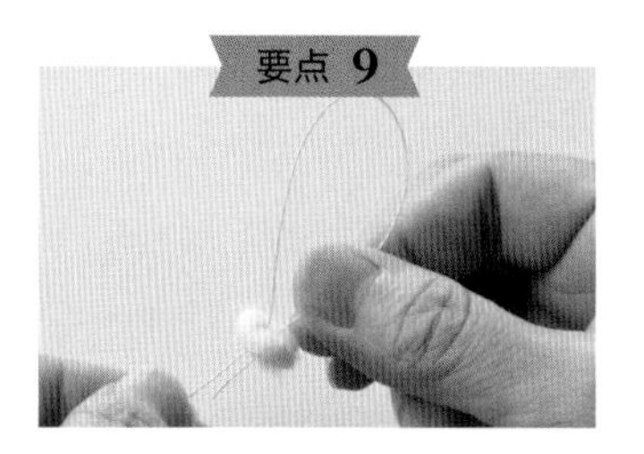

将要点**8**的结节与步骤**5**组合好的棉花壳并在一起，使结节的顶端比棉花壳的缠线终点位置高出1mm左右，在铁丝上涂上黏合剂，用棉花壳上的线继续缠绕。

17

西番莲

西番莲有着独特的花朵，
大大的雌蕊仿佛钟表上的指针，
所以日文中将其命名为“时钟草”。
叶子和花瓣是钩织的，花朵的一部分是用线制作成流苏状，
雄蕊和雌蕊用铁丝和线制作而成。

作品图—— p.12
成品尺寸—— 7cm
花的直径—— 2.5cm
叶子的直径—— 2cm
上色——花瓣染上黄绿色，花盘（上层）染上黄绿色和紫色。
副花冠用油性马克笔涂上蓝色和紫色。
叶子和茎部染上黄绿色和绿色

材料

DMC Cordonnet Special（BLANC 80号）
纸包花艺铁丝（白色 35号）
刺绣线 DMC 470（黄绿色）、DMC 209（紫色）

制作方法

1 按编织图解钩织2片主体花瓣。分别将编织起点的线头紧贴着针脚剪断，编织终点留出20cm左右的线头剪断。将其中1片编织终点的线头穿入缝针，再将线头穿至反面。为了防止线头松散，在针目里穿几次线后紧贴着针脚剪断。将花瓣浸湿，染上极浅的黄绿色，晾干后喷上定型喷雾剂。

2 按编织图解钩织花盘（上层）。将编织起点的线头紧贴着针脚剪断，编织终点留出20cm左右的线头剪断。将编织终点的线头穿入缝针，再将线头穿至反面。为了防止线头松散，在针目里穿几次线后紧贴着针脚剪断。将花盘浸湿，将外侧染成黄绿色，中心部分染成紫色。晾干后喷上定型喷雾剂。

3 按编织图解钩织2片叶子。浸湿后染成黄绿色。晾干后喷上定型喷雾剂。将铁丝剪至20cm，穿入叶子的中心后对折。在铁丝上涂上黏合剂，缠上1cm左右的线。

4 制作副花冠。参照帝王花p.43的步骤**42~45**，在指尖缠绕90圈左右的线。用剪刀剪开线圈，将线束散开至圆形（参照p.88的要点**8**）。参照p.88的要点**9**、**10**调整形状。

5 参照p.88的要点**11**、**12**用油性马克笔上色，在反面的中心涂上黏合剂固定，再戳出小孔。

6 参照p.88的要点**1**、**2**，制作3根雌蕊。

7 参照p.88的要点**3~5**，制作5根雄蕊。

8 参照p.88的要点**6**、**7**，将雌蕊和雄蕊组合在一起，再与花盘（上层）组合。

9 参照p.89的要点**13~16**，将副花冠与花瓣组合在一起。

10 参照p.89的要点**17**、**18**，制作卷须。

11 将组合后的花朵和卷须、1片叶子对齐缠线终点位置进行组合。在根部的铁丝上涂上黏合剂，缠上1.5cm左右的线，剩下的叶子也用相同方法组合在一起。

12 给茎部上色，调整形状后喷上定型喷雾剂。在缠线终点处薄薄地涂上黏合剂，晾干后喷上定型喷雾剂，晾干。斜着剪断铁丝和线，在切口处涂上黏合剂晾干。

要点 1

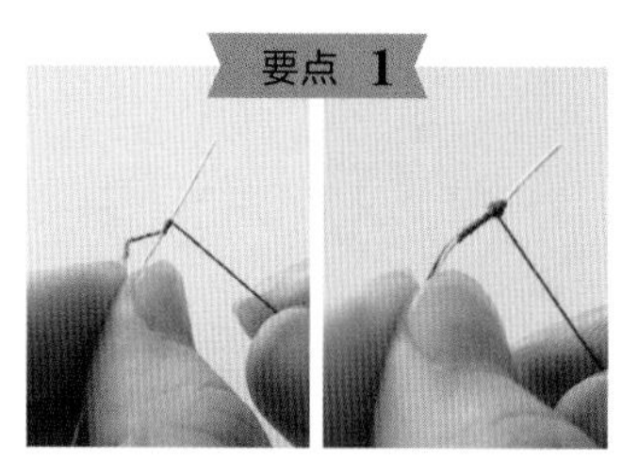

制作雌蕊。抽出1根刺绣线（紫色）。将铁丝剪至12cm，在距离末端5mm位置涂上黏合剂，缠上5mm的线。在前端来回缠几次线，缠出圆鼓鼓的形状。

要点 2

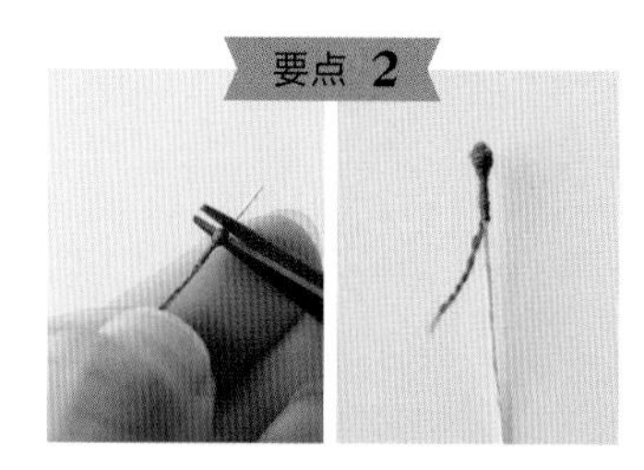

将末端没有缠线的铁丝剪断，再剪断刺绣线。

要点 3

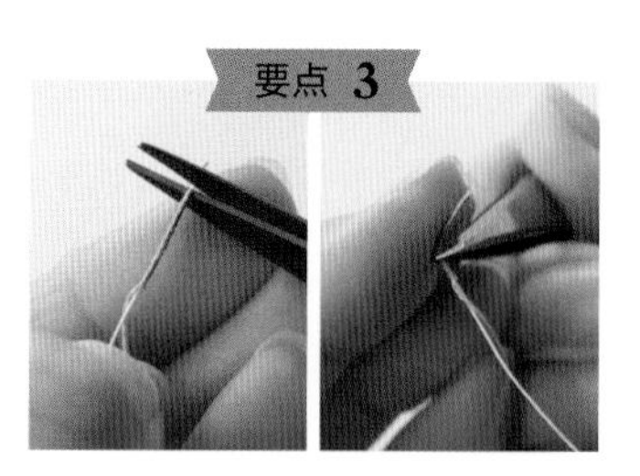

制作雄蕊。抽出1根刺绣线（黄绿色）。将铁丝剪至12cm，涂上黏合剂，缠上12mm的线。将末端没有缠线的铁丝剪断，再用镊子夹住铁丝折弯。

要点 4

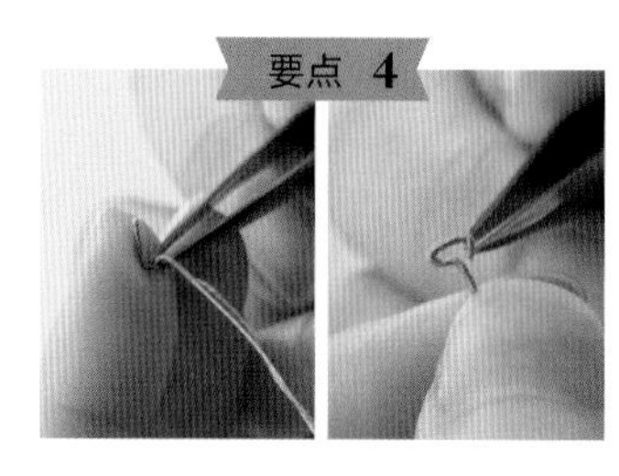

如图所示调整镊子，将铁丝弯出小圆环。再在根部折弯小圆环部分。

要点 5

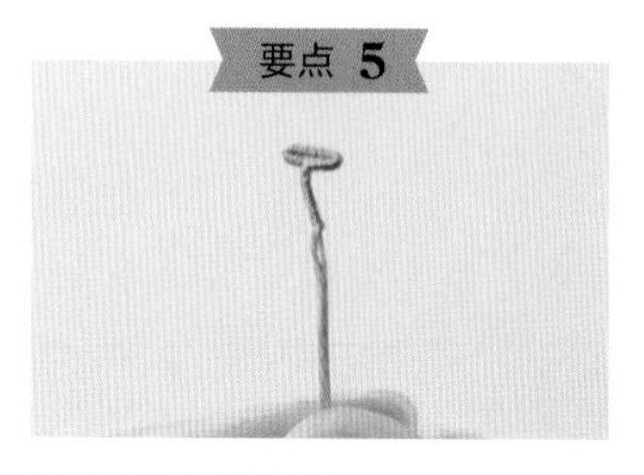

雄蕊完成后的状态。

要点 6

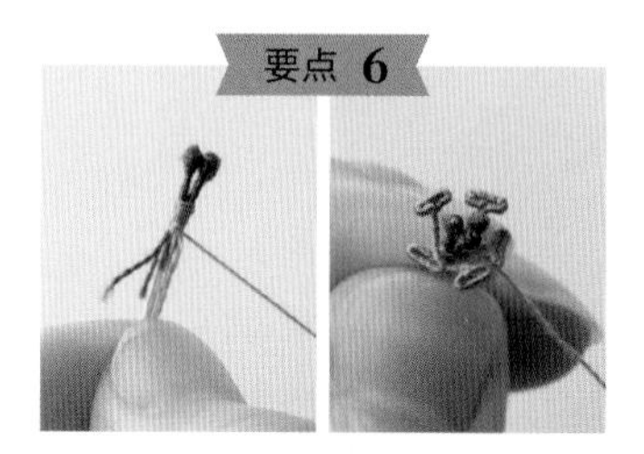

将3根雌蕊并在一起拿好，在根部涂上黏合剂，抽出1根刺绣线（黄绿色）缠上3mm左右，缠出圆鼓鼓的形状。将5根雄蕊放在雌蕊的周围，在铁丝上涂上黏合剂，用刺绣线（黄绿色）继续缠绕。

要点 7

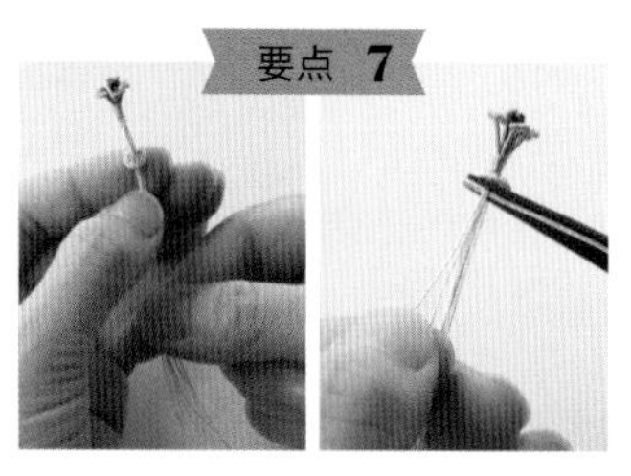

在缠线终点处剪断刺绣线。将铁丝穿入花盘（上层）的中心，留出4根长一点的铁丝，剪断其余铁丝。

要点 8

制作副花冠时，将线束散开，将其压平成圆形。

要点 9

将活页圆孔保护贴粘贴在副花冠反面的铁丝根部，再喷上定型喷雾剂。

要点 10

晾干后，将线修剪得比保护贴边缘稍微大一圈。

要点 11

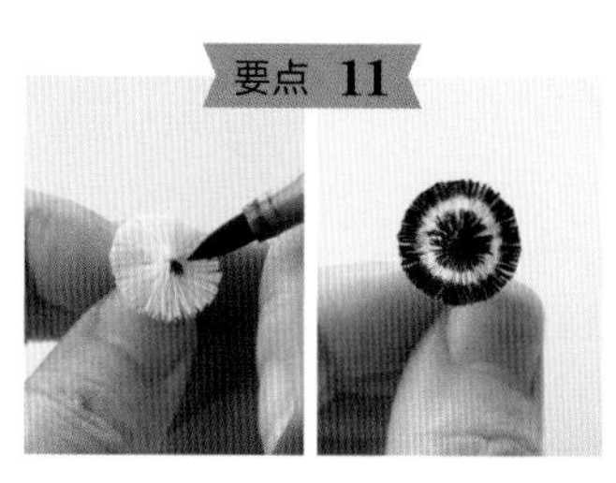

将副花冠的中心涂成紫色（Copic V09），再将边缘涂成蓝色（Copic B39）。

要点 12

跨过中心的铁丝，用锥子在副花冠的中间戳出2个小孔。

将铁丝分成2根1组，分别穿入要点**12**戳出的2个小孔中。

用镊子拨开雌蕊和雄蕊，调整形状。

将铁丝穿入剪去所有线头的花瓣中心，在花瓣中心涂上黏合剂粘贴固定。

再将铁丝穿入留有线头的花瓣中心，将花瓣相互错开着重叠。在花瓣中心涂上黏合剂粘贴固定。在根部的铁丝上涂上黏合剂，缠上1.5cm左右的线。

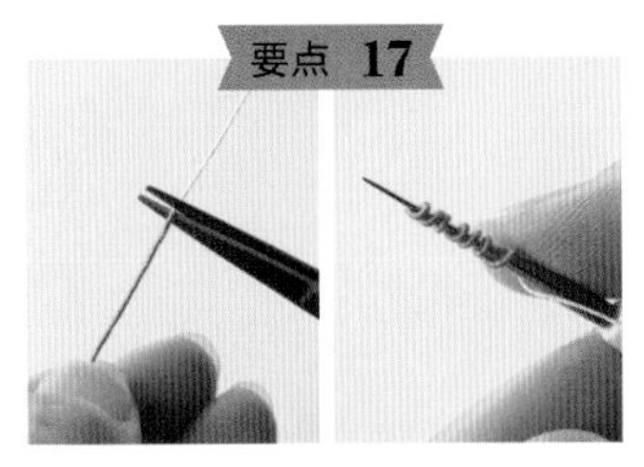

制作卷须。抽出1根刺绣线（黄绿色）。将铁丝剪至12cm，在距离末端2cm左右的位置涂上黏合剂，缠上4cm的线。将末端没有缠线的铁丝剪断，再将缠线部分绕在锥子上。

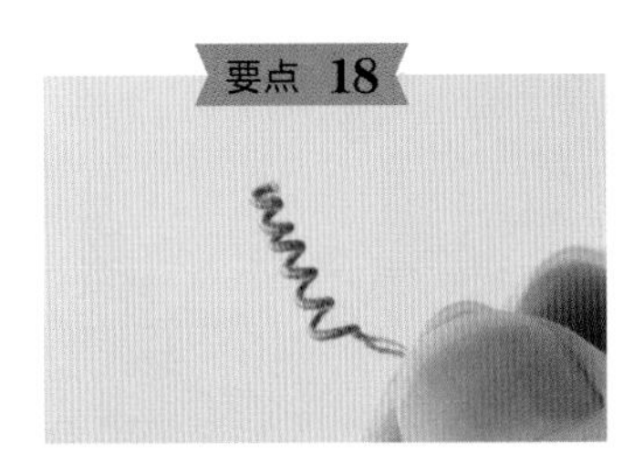

从锥子上取下铁丝，调整形状。在根部的铁丝上涂上黏合剂，缠上1.5cm左右的线。

编织图解

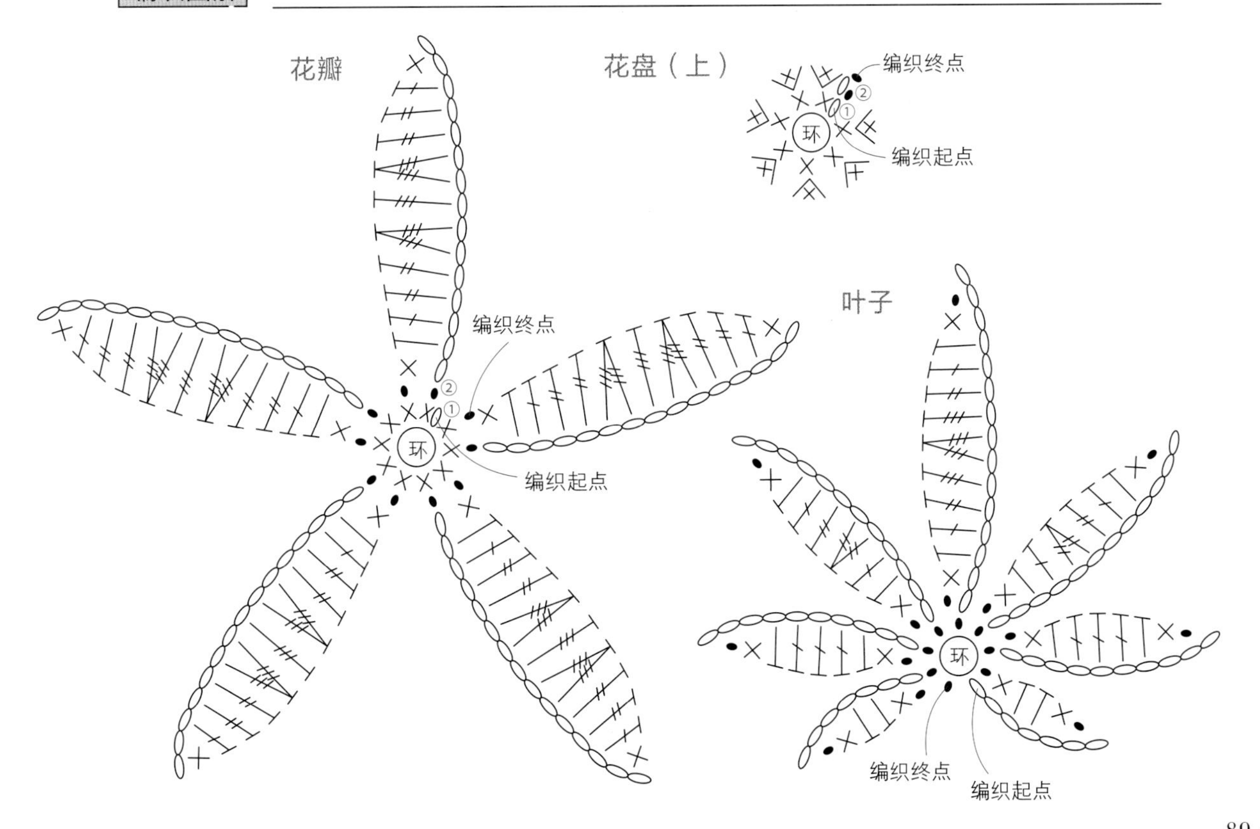

18

红豆杉

红豆杉是一种常绿树，
一到秋天，果实成熟，在深绿色的叶子映衬下格外鲜红。
虽然造型可爱，但是种子是有毒的，不要食用。
叶子表现出了不规则排列的特点。
果实中还塞入了钩织成的种子。

作品图—— p.9
成品尺寸—— 6.5cm
果实的直径—— 0.7cm
叶子的长度—— 2.8cm
上色——将果实染成红色，将种子染成褐色。
叶子和茎部染上黄绿色、绿色、橄榄绿色

材料

DMC Cordonnet Special（BLANC 80号）
纸包花艺铁丝（白色 35号）
手工艺专用铁丝

编织图解

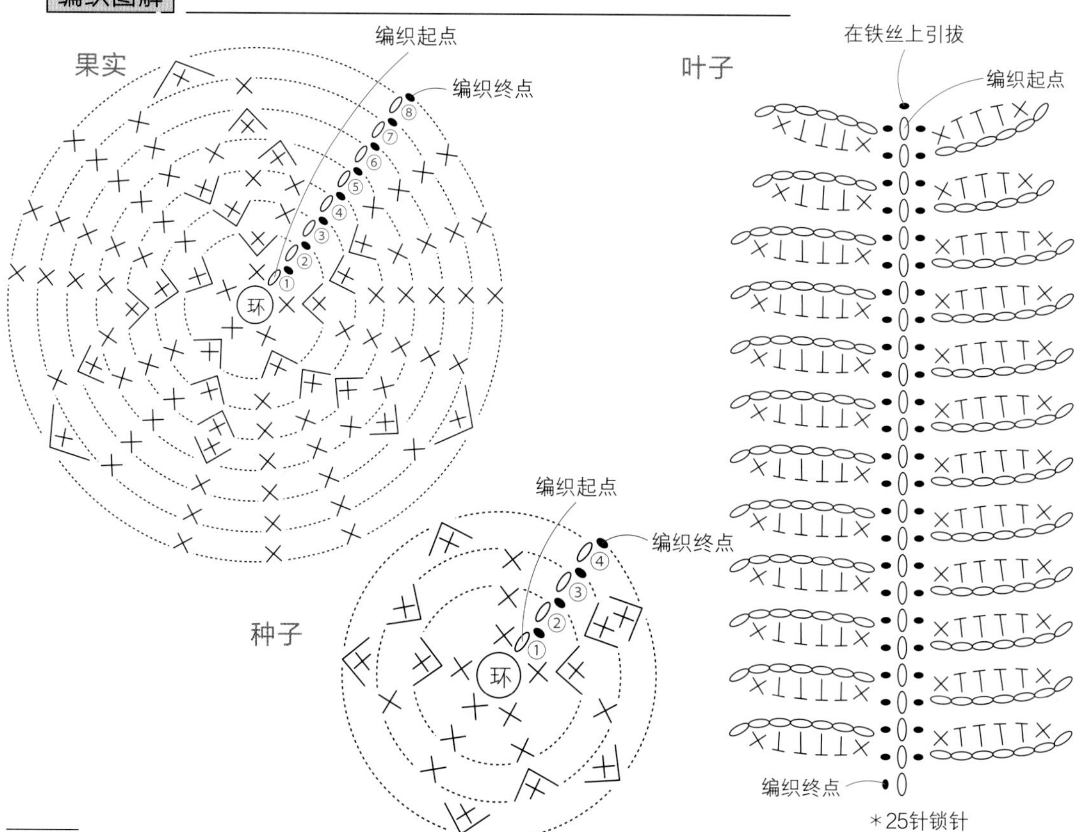

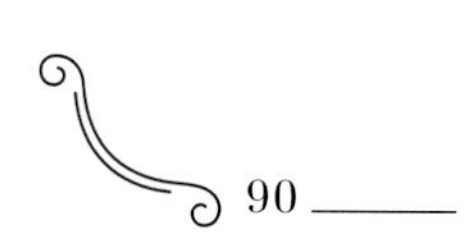

制作方法

1 按编织图解钩织2颗果实。将编织起点的线头紧贴着针脚剪断。编织终点留出20cm左右的线头剪断，穿入缝针。一针一针地将线头穿至中心，再将线头穿至外侧，注意针脚不要太明显。

2 将钩织的果实浸湿，将纸巾铺在烫花垫上，再放上果实。用铃兰镘烫头（极小）一边转动一边按压，调整成球形。接着染成红色，晾干后喷上定型喷雾剂。

3 按编织图解钩织2颗种子。将编织起点的线头紧贴着针脚剪断。编织终点留出20cm左右的线头剪断，穿入缝针。为了防止线头松散，在针目里穿几次线后紧贴着针脚剪断。

4 将种子浸湿，染成褐色，晾干后喷上定型喷雾剂。参照要点**1~3**，穿入手工艺专用铁丝。

5 将铁丝剪至20cm，参照p.35的步骤**27~32**，按编织图解钩织3片叶子。将编织起点的线头紧贴着针脚剪断。染上黄绿色和绿色后，喷上定型喷雾剂。用镊子调整叶子的尖端（参照要点**6**）。在根部的铁丝上涂上黏合剂，缠上2~3mm的线。

6 参照要点**4**、**5**，将种子塞入果实中。

7 在果实根部的铁丝上涂上黏合剂，用果实的线缠上2mm左右。用相同方法再制作1颗。

8 将步骤**7**缠好线的果实和1片叶子对齐缠线终点位置组合在一起。在根部的铁丝上涂上黏合剂，缠上1cm左右的线。剩下的果实和1片叶子也用相同方法组合在一起。

9 将步骤**8**缠好线的果实和叶子对齐缠线终点位置组合在一起。在根部的铁丝上涂上黏合剂，缠上1cm左右的线。再将剩下的叶子对齐缠线终点位置组合在一起。在根部的铁丝上涂上黏合剂，缠上1cm左右的线。

10 在缠线终点处薄薄地涂上黏合剂。晾干后调整形状，染上黄绿色和橄榄绿色。喷上定型喷雾剂后晾干。斜着剪断铁丝和线，在切口处涂上黏合剂晾干。

要点 1

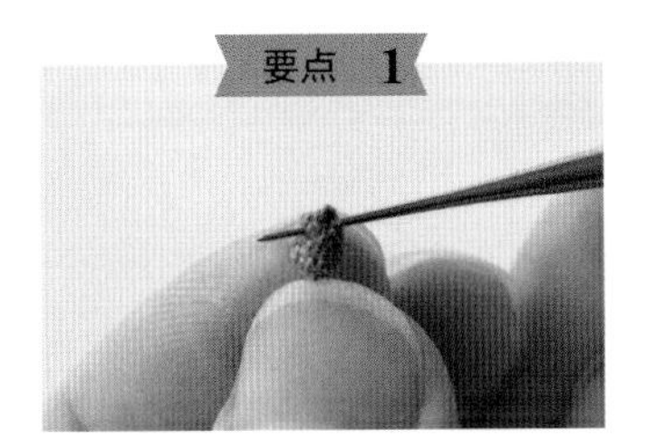

在种子最后一行的2处插入锥子，戳大针目。

要点 2

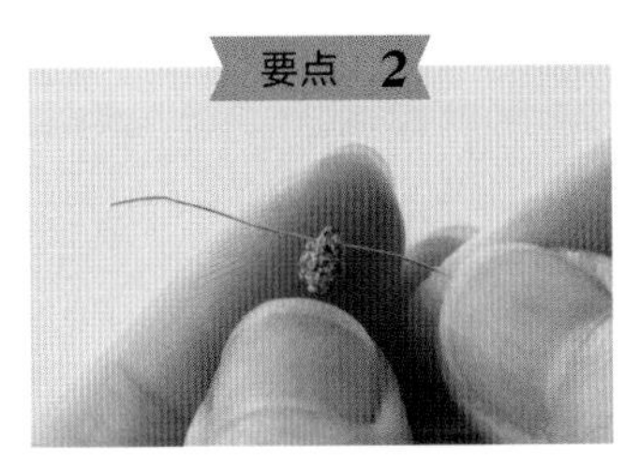

在要点**1**戳大的针目里穿入手工艺专用铁丝。

要点 3

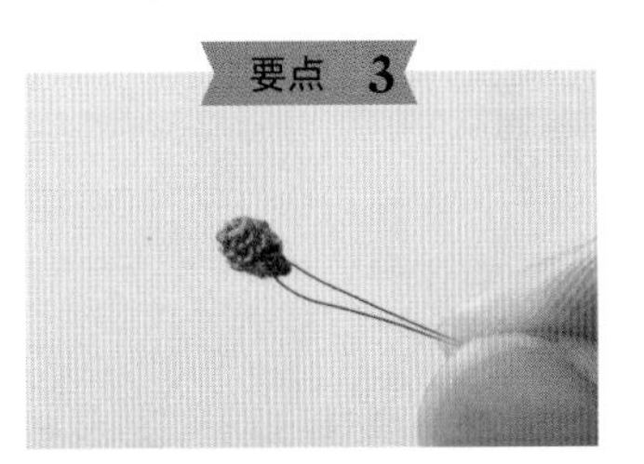

在中心对折手工艺专用铁丝。

要点 4

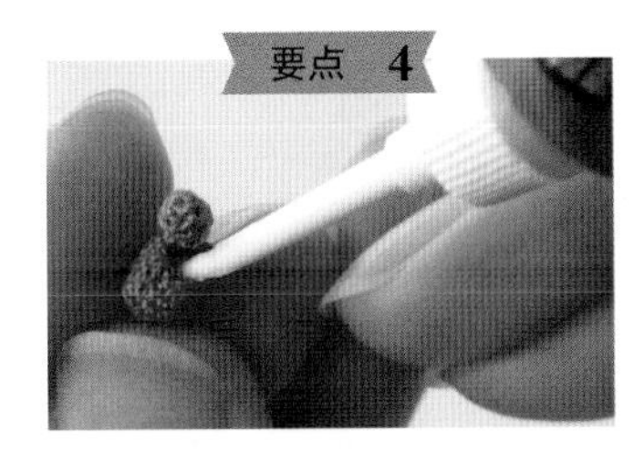

将种子上的手工艺专用铁丝穿入果实的中心，在果实的内侧涂上黏合剂。

要点 5

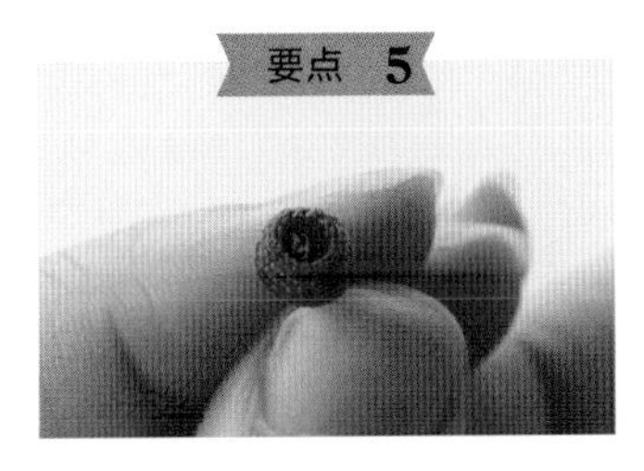

拉动手工艺专用铁丝，将种子拉进果实内。

要点 6

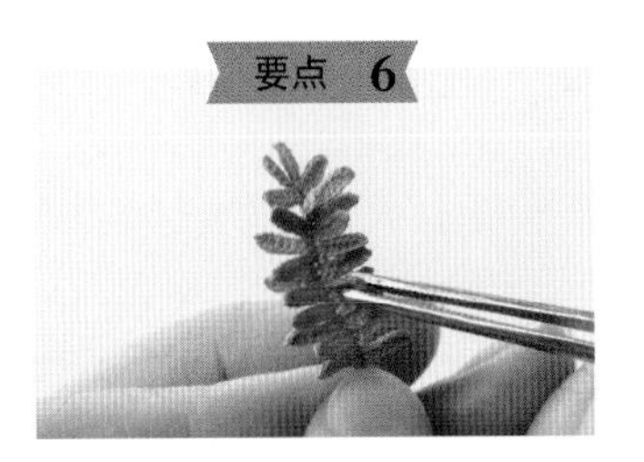

用镊子调整形状，使叶子的尖端呈不规则排列。

蓝铃花

有点像铃兰，
宛若吊钟的蓝色小花可爱极了。
据说在英国，
这种花作为春天的使者备受喜爱。
娇俏可人的小花不是钩织成袋状，
而是用平面钩织的花片塑形完成的。

作品图—— p.7
成品尺寸—— 6.5cm
花的直径—— 0.7cm
叶子的长度—— 2.8cm
上色——花朵染上蓝色和群青色，
叶子和茎部染上绿色和深绿色

材料

DMC Cordonnet Special（BLANC 80号）
纸包花艺铁丝（白色 35号）

编织图解

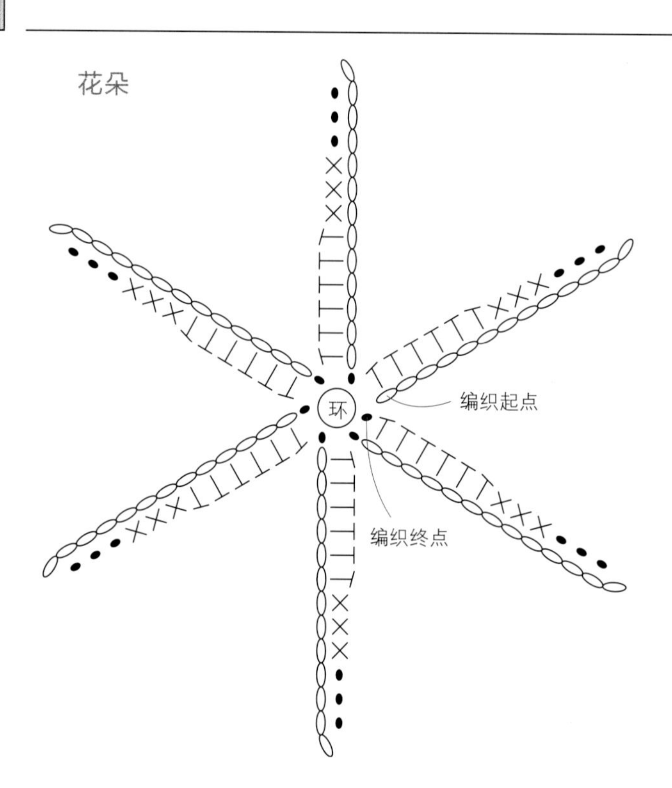

制作方法

1 按编织图解钩织5朵小花。将编织起点的线头紧贴着针脚剪断。编织终点留出20cm左右的线头剪断，穿至正面。

2 制作叶子。参照鸢尾p.80的要点**2**，制作3片叶子。浸湿后上色，晾干，再喷上定型喷雾剂。

3 参照要点**1~6**，将铁丝穿入花朵，调整形状。

4 在花朵根部的铁丝上涂上黏合剂，缠上8mm左右的线。剩下的小花也用相同方法缠上线。

5 对齐缠线终点位置，将2朵小花组合在一起。在根部的铁丝上涂上黏合剂，缠上5mm左右的线。剩下的小花也用相同方法进行组合。

6 第5朵小花组合完成后，用相同方法缠上3cm左右的线。将3片叶子围住小花的铁丝并在一起，在根部的铁丝上涂上黏合剂，缠上3cm左右的线。

7 在缠线终点处薄薄地涂上黏合剂。晾干后调整形状，染上橄榄绿色和深绿色。喷上定型喷雾剂后晾干。斜着剪断铁丝和线，在切口处涂上黏合剂晾干。

要点 1

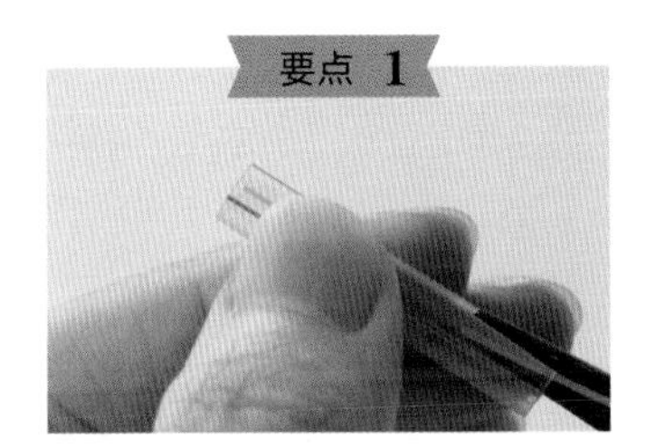

将吸管剪至3cm长，再剪开侧面。

要点 2

参照p.34的步骤**14~17**，弯折铁丝。将铁丝穿入小花的中心。

要点 3

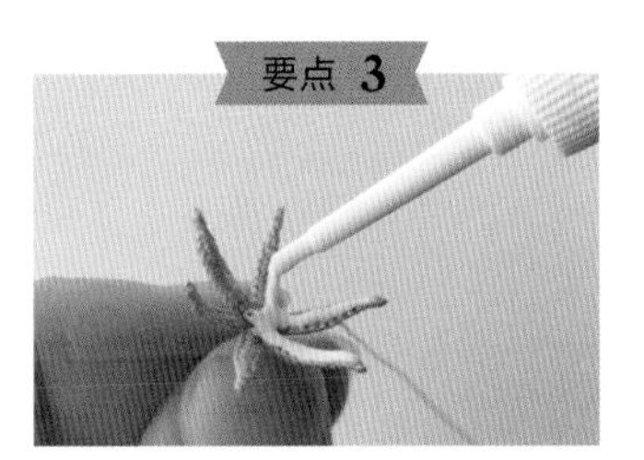

分别在小花的内侧涂上黏合剂。

要点 4

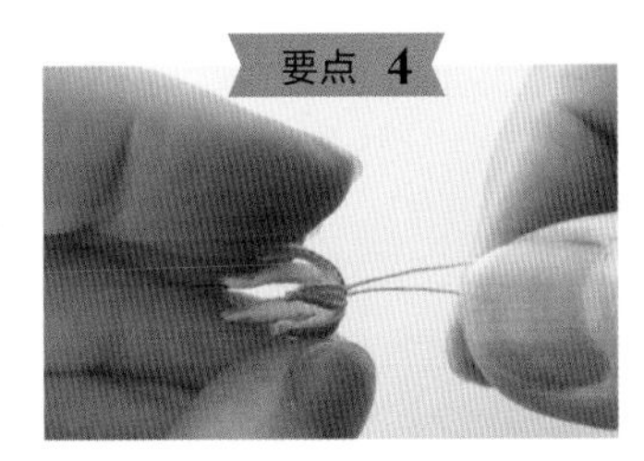

用手指收拢花瓣，轻轻地捏成小花的形状。

要点 5

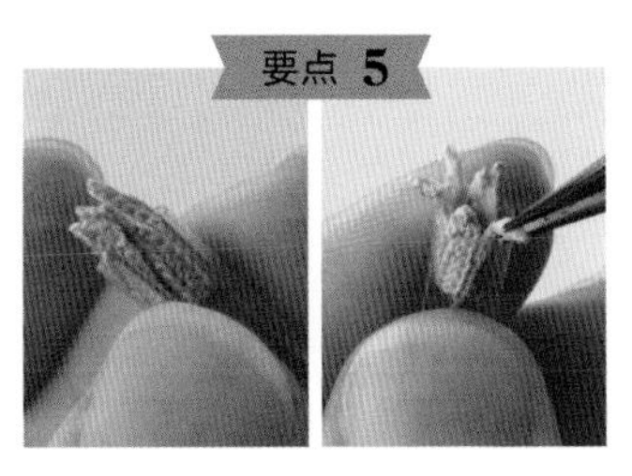

将小花的铁丝穿入要点**1**中剪开的吸管，只露出花瓣的顶端。用镊子将花瓣的顶端向外展开。

要点 6

黏合剂晾干后，取下吸管。

野葡萄

虽然叫作“野葡萄”，
果实却不可以食用。
紫色调的浆果尽显秋日风情。
在木珠上缠绕刺绣线，
制作出的果实五颜六色，也很可爱。
再绕上藤蔓，别具风趣。

作品图—— p.13
成品尺寸—— 6cm
果实的直径—— 0.4cm
叶子的长度——（大）1.6cm，（小）1cm
上色——叶子和藤蔓染上黄绿色和深绿色

材料

DMC Cordonnet Special（BLANC 80号）
纸包花艺铁丝（白色 35号）
木珠（4mm）
刺绣线 DMC 333、522、550、718、797、798、964、3607、3839、3849
手工艺专用铁丝

编织图解

叶子（小）

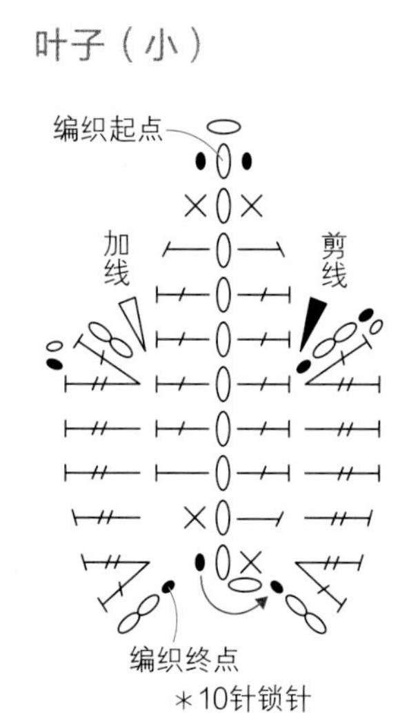

叶子（大）

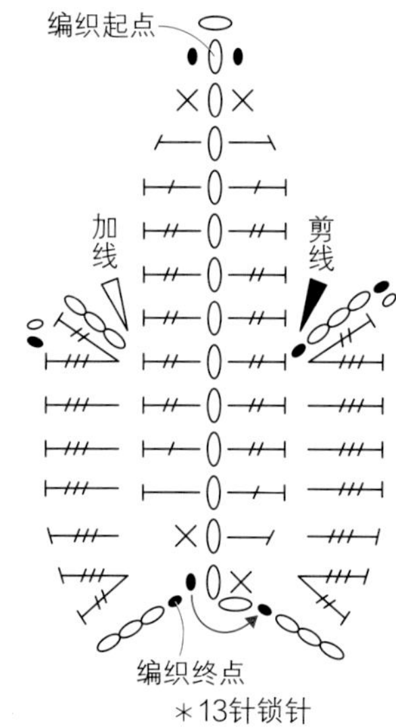

制作方法

1 制作叶子。将铁丝剪至20cm，参照p.35的步骤**27~32**，按编织图解钩织7片叶子（小）、6片叶子（大）。加线和剪线位置参照木槿p.66的要点**7~11**钩织。将编织起点的线头紧贴着针脚剪断。染上黄绿色和深绿色后，喷上定型喷雾剂。在铁丝上涂上黏合剂，缠上5~6mm的线。

2 参照要点**1~6**，制作20颗左右的果实。

3 在果实根部的铁丝上涂上黏合剂，缠上5mm左右的刺绣线。剩下的果实也用相同方法缠上线。将3颗果实并在一起，对齐缠线终点位置，在根部的铁丝上涂上黏合剂，缠上2mm左右的线。剩下的果实以3~5颗为1组并在一起，制作果实串。

4 将叶子和果实串对齐缠线终点位置错落有致地组合在一起。一边在铁丝上涂上黏合剂，一边缠线进行组合。

5 所有叶子和果实组合完成后，在剩下的铁丝上涂上黏合剂，缠线制作藤蔓。在缠线终点处薄薄地涂上黏合剂。晾干后调整形状，染上黄绿色和深绿色。再喷上定型喷雾剂晾干。

6 斜着剪断铁丝和线，在切口处涂上黏合剂晾干。弯折藤蔓，调整形状。

要点 1

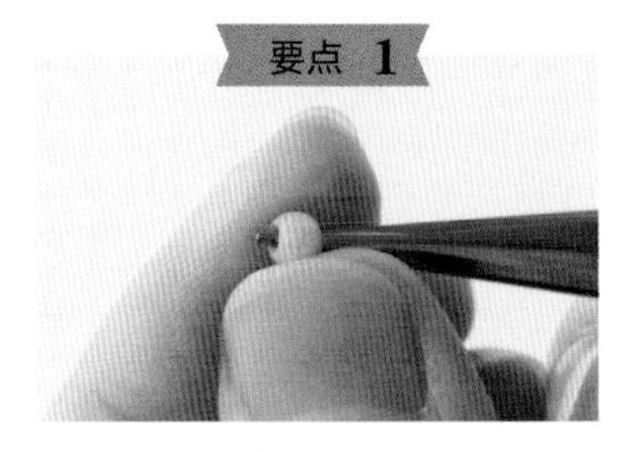

将镊子的尖端部插入木珠内侧转动几圈，去除内侧的毛刺。

要点 2

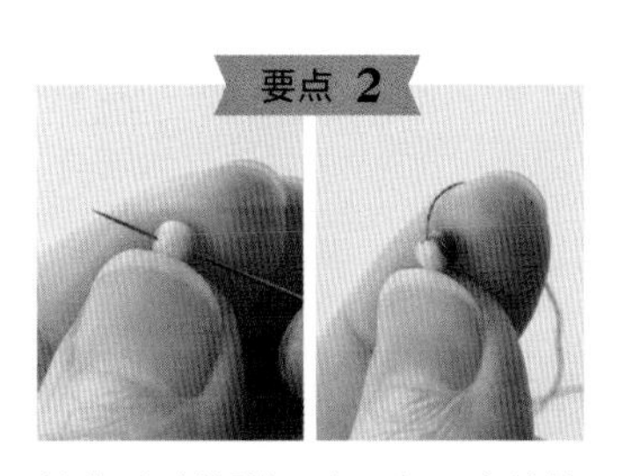

抽出1根刺绣线，穿入细一点的缝针。在木珠的小孔中穿入缝针，将刺绣线紧密地缠在木珠上。

要点 3

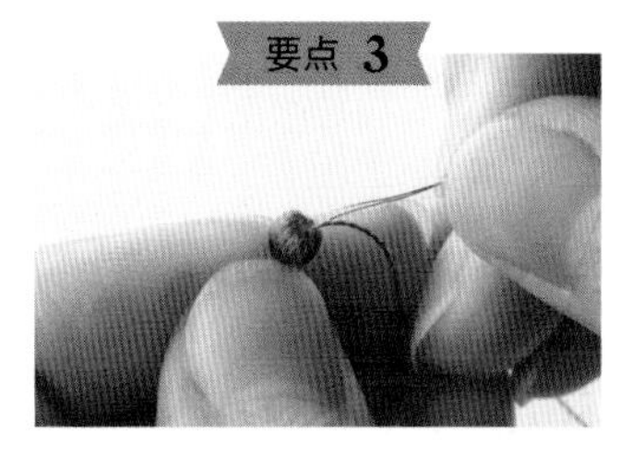

整颗木珠缠好刺绣线后，将手工艺专用铁丝剪至12cm，对折后穿入木珠的小孔。

要点 4

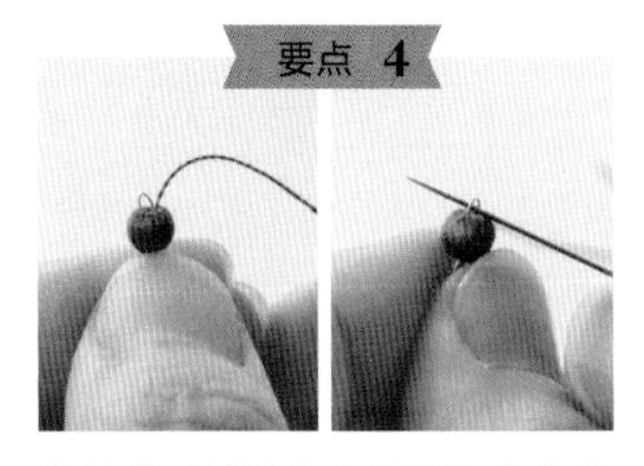

将铁丝对折处的小圆环露出小孔1~2mm，在小圆环中插入缝针，将刺绣线在铁丝上穿5次或6次。

要点 5

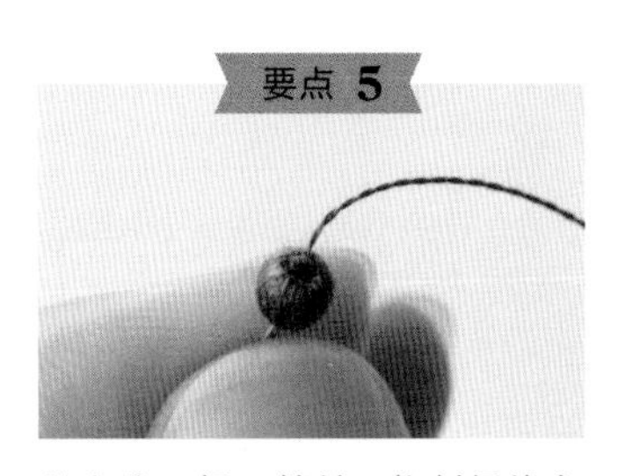

从上往下插入缝针，将刺绣线穿至下方。

要点 6

将刺绣线全部穿入小孔后，向下拉紧铁丝，将上端露出的部分拉至小孔内。注意不要拉过头。

ルナヘヴンリィのかぎ針編みで作る花のフレーム飾り
（Lunarheavenly no Kagibariami de Tsukuru Hana no Flame Kazari :7540－9）

作者简介

Lunarheavenly　中里华奈

蕾丝钩编艺术家，从小就很喜欢各种手工。2009年创立了Lunarheavenly品牌。目前主要在日本关东地区忙于举办个展、活动参展、委托销售等工作。著作有《中里华奈的迷人蕾丝花饰钩编》《钩编+刺绣：中里华奈迷人的花漾动物胸针》《中里华奈的迷人花朵果实钩编》《中里华奈雅致的蕾丝花饰钩编》（中文版均为河南科学技术出版社出版）。

图书在版编目（CIP）数据

中里华奈的迷人蕾丝花草立体框画／（日）中里华奈著；蒋幼幼译. —郑州：河南科学技术出版社，2024.3
ISBN　978－7－5725－1473－9

Ⅰ.①中… Ⅱ.①中… ②蒋… Ⅲ.①钩针－编织－图集 Ⅳ.①TS935.521－64

中国国家版本馆CIP数据核字（2024）第036745号

出版发行：河南科学技术出版社
地址：郑州市郑东新区祥盛街27号　　邮编：450016
电话：（0371）65737028　　65788613
网址：www.hnstp.cn
策划编辑：梁莹莹
责任编辑：梁莹莹
责任校对：王晓红
封面设计：张　伟
责任印制：徐海东
印　　刷：河南新达彩印有限公司
经　　销：全国新华书店
开　　本：889 mm × 1 194 mm　1/16　　印张：6　　字数：180千字
版　　次：2024年3月第1版　　2024年3月第1次印刷
定　　价：49.00元

如发现印、装质量问题，影响阅读，请与出版社联系并调换。